采煤驱动下地下水系统演化与特征污染物迁移转化机制研究

黄　磊　侯泽明　韩　萱　著

黄河水利出版社
·郑　州·

内 容 提 要

本书以黄河流域中游矿区为研究对象，通过气象、水文、地质、生态环境监测、勘察及采样分析，以采矿学、地质学、水文学、环境学等交叉学科为理论基础，对研究区地下水水文地球化学时空分布特征、地下水流场演化规律进行了分析研究；并探究了地表水、地下水、土壤、玉米中重金属的空间分布规律，同时解析了重金属的主要来源以及各自的贡献率；开展了水-土壤-植被综合污染评价和风险评估，探讨了重金属在水-土壤-植被系统中的迁移转化机制。

本书的研究内容及成果，在丰富和完善相关研究思路、方法、技术的基础上，可为从事沿黄地区煤炭基地能源开采、水资源开发、生态环境保护等工作的人员提供参考。

图书在版编目(CIP)数据

采煤驱动下地下水系统演化与特征污染物迁移转化机制研究/黄磊，侯泽明，韩萱著. --郑州：黄河水利出版社，2024. 5. --ISBN 978-7-5509-3896-0

Ⅰ. X523

中国国家版本馆 CIP 数据核字第 2024KG3483 号

组稿编辑：王志宽　电话：0371-66024331　E-mail：278773941@qq.com

责任编辑	景泽龙	责任校对	杨秀英
封面设计	黄瑞宁	责任监制	常红昕
出版发行	黄河水利出版社		
	地址：河南省郑州市顺河路 49 号　邮政编码：450003		
	网址：www.yrcp.com　E-mail：hhslcbs@126.com		
	发行部电话：0371-66020550		
承印单位	河南新华印刷集团有限公司		
开　　本	787 mm×1 092 mm　1/16		
印　　张	8.5		
字　　数	202 千字		
版次印次	2024 年 5 月第 1 版　2024 年 5 月第 1 次印刷		
定　　价	68.00 元		

前　言

我国的能源结构以煤炭为主，黄河流域中游作为我国重要的煤炭资源富集区，密集分布着6个国家规划建设的大型煤炭基地。煤炭资源的开发和利用有效支撑着黄河经济带的快速发展，但长期存在资源利用不合理、生态环境破坏严重等突出问题。如何实现煤水协调开发利用、改善黄河流域生态环境质量，对于践行“绿水青山就是金山银山”理念具有重大意义。

面向黄河流域生态保护和高质量发展重大国家战略需求，针对黄河中游大型煤炭基地开采强度大、水资源匮乏和生态脆弱等特点，本书以黄河流域中游矿区为研究对象，通过气象、水文、地质、生态环境监测、勘察及采样分析，以采矿学、地质学、水文学、环境学等交叉学科为理论基础，对研究区地下水水文地球化学时空分布特征、地下水流场演化规律进行了分析研究；并探究了地表水、地下水、土壤、玉米中重金属的空间分布规律，同时解析了重金属的主要来源以及各自的贡献率；开展了水-土壤-植被综合污染评价和风险评估，探讨了重金属在水-土壤-植被系统中的迁移转化机制，为沿黄地区煤炭基地能源开采、水资源开发、生态环境保护等工作提供参考。

全书共10章，第1、2章由侯泽明、韩萱撰写，第3~8章由黄磊撰写，第9章由侯泽明撰写，第10章由韩萱撰写，全书由黄磊统稿。

本书由国家重点研发计划项目（2023YFC3206501、2023YFC3709900）、国家自然科学基金资助项目（52369003）、内蒙古自治区自然科学基金项目（2023LHMS04011）、内蒙古自治区教育厅一流学科科研专项项目（YLXKZX-NND-010）、准格尔旗应用技术研究与开发项目（2023YY-18、2023YY-19）、内蒙古自治区科技领军人才团队（2002LJRC0007）、内蒙古农业大学基本科研业务费专项资金资助（BR22-12-04）、内蒙古自治区高等学校创新团队发展计划（NMGIRT2313）共同资助完成。

鉴于作者水平有限，书中难免存在不足之处，恳请读者批评指正。

作　者

2024年5月

目 录

第1章 绪 论

煤炭是我国的主导能源，也是重要的化工原料。煤炭资源的开发利用为国民经济发展作出了突出贡献。但在长期的采煤作用下，矿区地下水环境在地下水化学组分、地下水流场、含水层结构等方面均发生了较大改变，矿井长时间的疏干排水导致周边一定范围内的地下水水位持续下降，继而带来地面沉降、含水层结构破坏，甚至与地表水贯通等地质灾害，而采煤过程中产生的煤矸石、矿渣等废弃物被运送至地表并集中堆放，在自然侵蚀的作用下，有害物质又会随着雨水溶滤重新进入地下水系统，污染地下水环境，继而引发一系列生态环境问题。

对于矿区周边的重金属污染问题，国内外开展了大量研究工作，重金属污染物是典型的优先控制污染物。水体中的重金属易迁移富集，同时具有毒性强、潜伏期长和不可降解等特点，会对生态系统造成严重损害。重金属在土壤中具有隐蔽性、高毒性、难降解等特点，当土壤中重金属积累过量后，不仅会对土壤、水体造成严重污染，同时还会被植物吸收，危害植物的生长。环境中重金属污染与危害主要取决于重金属在环境中的含量分布、化学特征、迁移转化以及生物毒性。重金属污染具有潜伏期长、危害大、毒性高、难降解等特点，特别是当重金属形成一定程度污染时，很难从环境中去除，具有一定的顽固性。

随着经济社会的发展，环保理念越来越深入人心，相关学者、管理部门逐渐意识到经济发展与环境保护并不冲突，通过科学的技术手段可以做到经济发展与环境保护相协调，因此加强矿区水资源高效利用与生态环境保护成为当地面临的主要问题。

鄂尔多斯盆地地处干旱半干旱地区，煤炭资源丰富，是我国重要的能源基地。其中乌兰木伦河流域煤炭资源的大规模开发利用，为当地的经济社会发展提供了强有力的支持，但常年高强度开采导致当地本就匮乏的地下水资源更为短缺，生态环境极为脆弱。本书选取黄河一级支流窟野河上源乌兰木伦河流域为研究区，在收集研究区的水文、气象、地质、农牧业等相关资料的基础上，结合野外实地勘查和室内外试验等多种手段，对研究区地下水流场演化、地下水化学组分空间分布特征进行分析评价；并建立水文地质模型，模拟在多年高强度开采下矿区上覆含水层的流场变化；通过计算冒落带与裂隙带的影响高度，并结合常规离子、微量离子、氢氧同位素等对上覆含水层间的水力联系进行判断识别；针对矿区及煤矸石堆放区产生的特征污染物含量进行了空间分析；探究了矿区地表水、地下水、表层土壤、剖面土壤、根系土壤和玉米根、茎、叶、籽粒中重金属的空间分布规律；同时研究分析了重金属的主要来源以及贡献率；开展了水-土壤-植被综合污染评价和风险评估；探讨了重金属在水-土壤-植被系统中的迁移转化机制，为矿区地下水保护和重金属污染防治提供参考。

参考文献

[1] YUAN J, NA C, LEI Q, et al. Coaluse for power generation in China[J]. Resources, Conservation and Recycling, 2018, 129: 443-453.

[2] ZHANG Y, SONG B, ZHOU Z. Pollution assessment and source apportionment of heavy metals in soil from lead-Zinc mining areas of South China[J]. Journal of Environmental Chemical Engineering, 2023, 11(2): 109320.

[3] CHEN Cheng, LU Xiao, YU Kun, et al. Heavy metal characteris tics and potential ecological risk assessment of the soil and sediment in the Digou coal mining subsidence area, Anhui, China[J]. Journal of Agro-Environment Science, 2021, 40(3): 570-579.

[4] MENG Z, SHI X, LI G. Deformation, failure and permeability of coal-bearing strata during longwall mining[J]. Engineering Geology, 2016, 208: 69-80.

[5] JIANG Y, CHAO S, LIU J, et al. Source apportionment and health risk assessment of heavy metals in soilfor a township in Jiangsu Province, China[J]. Chemosphere: Environmental toxicology and risk assessment, 2017, 168: 1658-1668.

[6] CHEN T, LEI C, YAN B, et al. Spatial distribution and environmental implications of heavy metals in typical lead (Pb)-zinc (Zn) mine tailings impoundments in Guangdong Province, South China[J]. Environmental Science and Pollution Research, 2018, 25 (36): 36702-36711.

[7] LIU H, PROBST A, LIAO B. Metal contamination of soils and crops affected by the Chenzhou lead/zinc mine spill (Hunan, China)[J]. The Science of the total Environment, 2005, 339 (1): 153-166.

[8] 廖国礼,吴超,冯巨恩.矿坑废水污灌区河流重金属离子污染综合评价实践[J].矿冶,2004,13(1):86-90.

[9] YAHAYA T O, OLADELE E O, FATODU I A, et al. The concentration and health risk assessment of heavy metals and microorganisms in the groundwater of Lagos, southwest Nigeria[J]. Journal of Advance Environmental Health Research, 2021, 8(3): 234-242.

[10] RIA R J K, BHANOT R, HUNDAL S S. Assessment of heavy metals in samples of soil, water, vegetables, and vital organs of rat(Bandi cota bengalensis) collected from adjoining areas of polluted waterbody[J]. Water Air and Soil Pollution, 2021, 232(7): 251-259.

[11] CHOWDHURY S, MAZUMDER M, AL-ATTAS O, et al. Heavy metals in drinking water: occurrences, implications, and future needs in developing countries[J]. Science of the Total Environment, 2016, 569-570: 476-488.

[12] PAN L, FANG G, WANG Y, et al. Potentially toxic element pollution levels and risk assessment of soils and sediments in the upstream river, Miyun reservoir, China[J]. International Journal of Environmental Research and Public Health, 2018, 15(11): 1-17.

[13] 徐建明,孟俊,刘杏梅,等.我国农田土壤重金属污染防治与粮食安全保障[J].中国科学院院刊,2018,33(2):153-159.

[14] BRIFFA J, SINAGRA E, BLUNDELL R. Heavy metal pollution in the environment and their toxicological effects on humans[J]. Heliyon, 2020, 6(9): 1-26.

[15] 廖国礼,吴超.矿山不同片区土壤中 Zn、Pb、Cd、Cu 和 As 的污染特征[J].环境科学,2005,26(3):157-161.

[16] 曾绍金,王宗亚,吕征,等. 中国矿产资源主要矿种开发利用水平与政策建议[M]. 北京:冶金工业出版社,2002.
[17] 廖国礼,吴超,谢正文,等. 铅锌矿山环境重金属土壤重金属污染评价研究[J]. 湖南科技大学学报,2004,19(4):78-82.
[18] 廖国礼,吴超. 铅锌矿山重金属污染标准化评价[J]. 工业安全与环保,2004,30(10):27-29.
[19] 廖国礼,吴超. 某市大气污染动态监测优化研究征[J]. 有色金属季刊,2004,56(4):132-135.
[20] 吴超,廖国礼. 矿区总体环境质量模糊综合评价实践[J]. 矿冶研究与开发,2004,24(4):60-63.
[21] 郝春玲. 表面活性剂修复重金属污染土壤的研究进展[J]. 安徽农学通报,2010,16(9):158-161.

第2章 研究区概况

2.1 自然地理状况

2.1.1 地理位置与交通

研究区位于鄂尔多斯高原,地处鄂尔多斯市伊金霍洛旗(见图 2-1),位于黄河一级支流窟野河上源乌兰木伦河流域,为干旱半干旱地区,平均年降水量 396 mm,年蒸发量 2 770 mm。

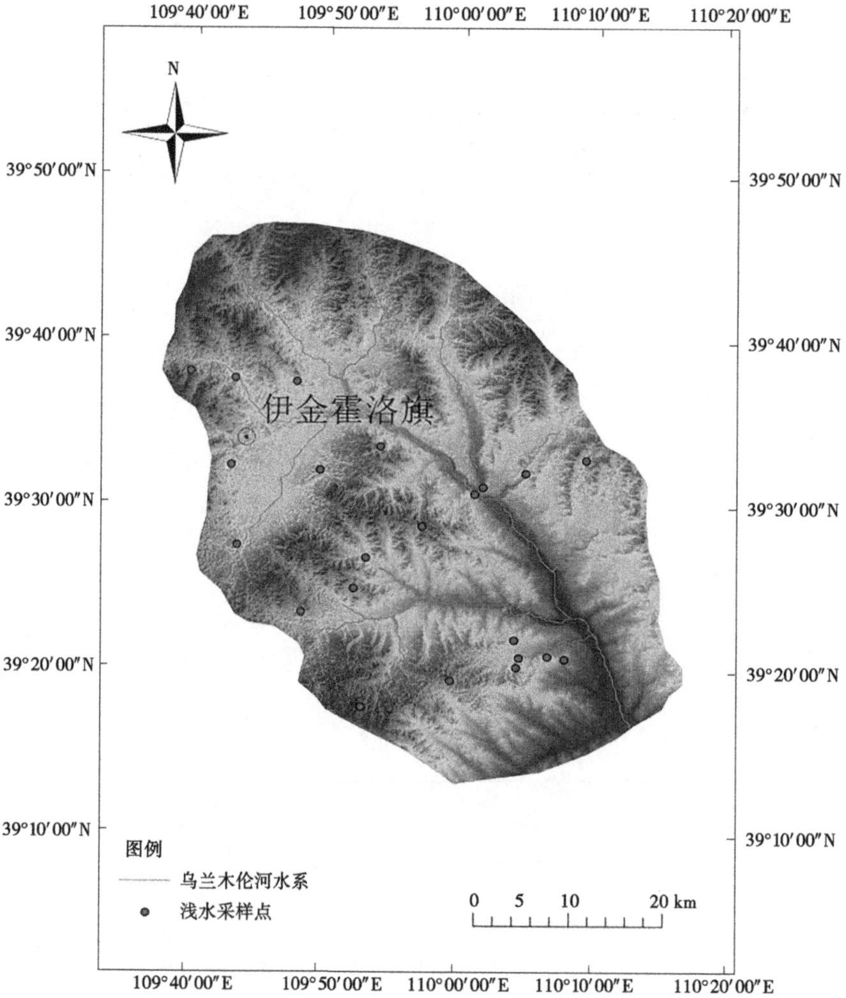

图 2-1 研究区位置

2.1.2　气象与水文

2.1.2.1　水文特征

研究区地表水系曾经较发育，乌兰木伦河为主要河流，研究区范围内存在三条支流，乌兰木伦河在 2013 年之前沿矿井东侧边界流过，2013 年后乌兰木伦河流域中游基本处于断流状态，根据地下水水位等值线判断，乌兰木伦河为地下水的排泄通道。研究区内存在三条一级支流，分别为：

(1)最北侧为呼和乌素沟，现处于断流状态，河床属第四系松散沉积物，具有较强富水性，为乌兰木伦河一级支流。

(2)补连沟介于呼和乌素沟与活鸡兔沟之间，多年回采塌陷后基本断流，但其河床内的第四系松散含水层仍具有较强的富水性，局部沟段有季节性流水。花儿沟为补连沟的主要支流，由于多年的回采，目前也已经断流，其河床内的松散层富水性与补连沟相同，具有较好富水性。

(3)最南侧为活鸡兔沟，现处于断流状态，河床属第四系松散沉积物，具有较强富水性，为乌兰木伦河一级支流。

研究区河网分布情况如图 2-2 所示。

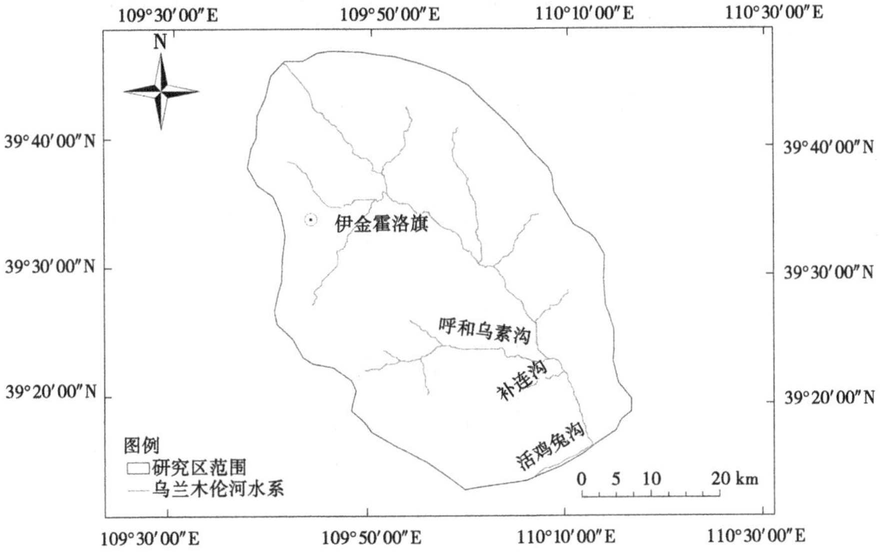

图 2-2　研究区河网分布情况

2.1.2.2　气象特征

伊金霍洛旗属于典型的半干旱、半沙漠的高原大陆性气候，四季分明。其特点是：冬季严寒，夏季炎热，春季多风，秋季凉爽，全年少雨，无霜期短，冰冻期长。根据神东矿区气象台 2010—2020 年气象资料台账，全年平均气温 7.9 ℃，夏季最高气温达 36.6 ℃，冬季最低气温达-27.9 ℃；每年降水量主要集中在 6—8 月，占全年降水量的 74.9%。多年平均降水量为 357 mm；多年平均蒸发量为 1 368 mm，是降水量的 5~11 倍。结冰期一般为 10 月初至次年 4 月底，冰冻期长达半年之久，最大冻土深度可达 1.7 m。井田内夏季风小,一般为2~3级;春冬风大,常在4级以上,最大可达10级。风向多为西北,最大风速可达2 m/s。研究区年均蒸发量、降水量变化如图2-3所示,研究区月均蒸发量、降水量如图2-4所示。

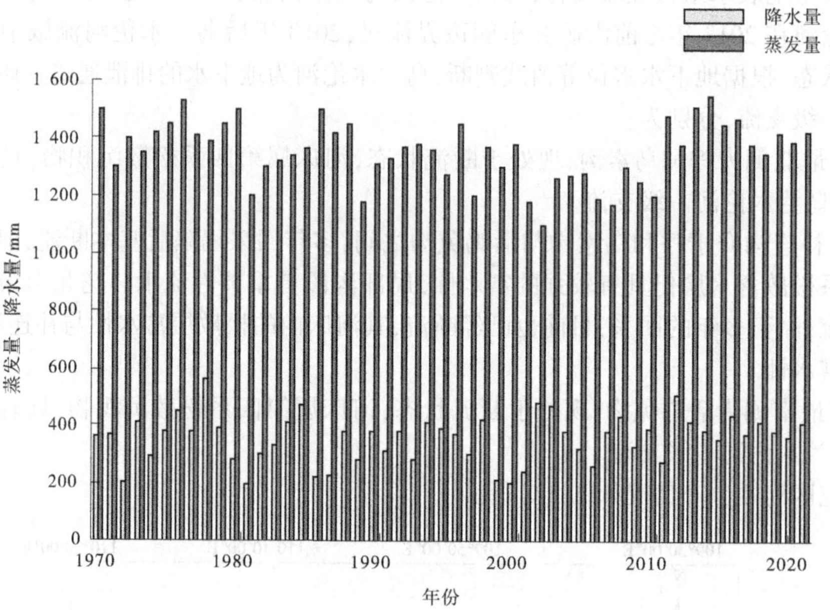

图2-3 研究区年均蒸发量、降水量变化

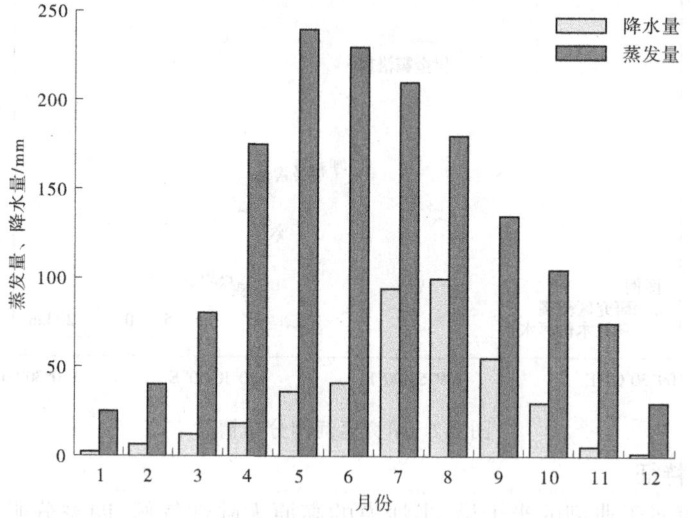

图2-4 研究区月均蒸发量、降水量

2.1.3 地形地貌

研究区位于乌兰木伦河一级阶地西缘,地表大部分为风积沙覆盖,植被稀少,沿乌兰木伦河的河谷区及其支流形成河流堆积类型，西部地形较平坦开阔，主要为沙漠、滩地；东部梁峁起伏、沟道密集，主要是黄土丘陵沟壑。井田范围内多数地区呈风沙地貌，如图 2-5、图 2-6 所示，为流动沙丘和固定沙丘所覆盖，地形相对较平缓。

图 2-5　研究区风沙地貌

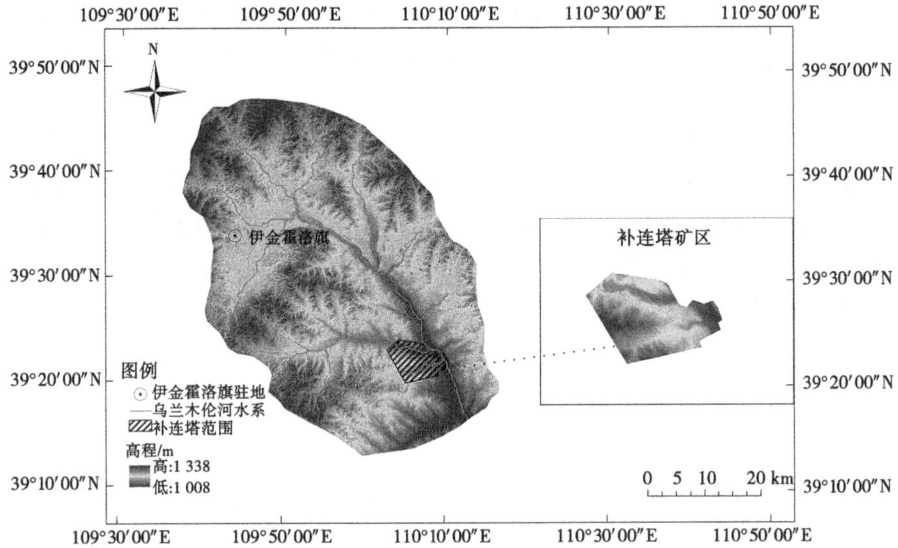

图 2-6　研究区地形地貌

2.2　区域地质

2.2.1　地层岩性

由矿区钻孔资料揭露与区内沟谷两侧山脊零星的出露判断，研究区地层由老至新依次为三叠系上统永坪组（T_{3y}），侏罗系中下统延安组（J_{2y}），侏罗系中统直罗组（J_{2z}）、侏罗系中统安定组（J_{2a}），上侏罗系至下白垩系志丹群（J_3-K_{1zh}），第三系及第四系：

(1)三叠系。

中生界三叠系上统永坪组(T_{3y}):该地层为本区含煤地层的沉积基底,以黄绿色、黄褐色的厚层状中粗粒砂岩为主,偶见煤线与岩屑,钻孔揭露最大厚度 137 m。

(2)侏罗系。

中生界侏罗系中下统延安组(J_{2y}):该地层为本地区的主要含煤地层,为一套内陆盆地沉积的碎屑岩建造。钻孔揭露地层厚度为 154~194.8 m,平均为 180 m,与下伏永坪组呈假整合接触。

中生界侏罗系中统直罗组(J_{2z}):该地层上部为紫红色粉砂岩、泥质砂岩与灰绿、灰黄色砂岩互层,下部以灰绿色厚层状中粗砂岩为主。厚度为 83.48~141.4 m,该地层下部有大型树干化石,局部可见煤线,与下伏延安组呈假整合接触。

中生界侏罗系中统安定组(J_{2a}):岩性主要为紫红色、杂色泥质砂岩,泥岩与灰绿、黄绿色粉砂岩互层。西南部地层厚度较大,东北部厚度变薄。据钻孔资料统计,地层残存厚度 0~63.3 m,平均 13.03 m。与下伏直罗组(J_{2z})整合接触。

(3)上侏罗系至下白垩系。

上侏罗系至下白垩系志丹群(J_3-$K1_{zh}$):该地层仅见于矿区的西部边缘地段。岩性多为具大型交错层理的砂岩,局部砾岩发育,残留厚度 50 m 左右,与下伏地层呈不整合接触。

(4)第四系。

新生界上更新统马兰黄土(Q_{3m}):该沉积仅见于沟掌或沟谷两侧,成分为含沙黄土,垂直节理发育,形成陡崖,残留厚度 3~5 m,分布范围不大。与下伏地层呈不整合接触。

新生界全新统第四系松散层(Q_4):按成因分类,主要为风积沙、冲淤积、河床冲积物等,厚度一般为 10~20 m,局部可达 50 m。

区域地层特征简表如表 2-1 所示。

表 2-1　区域地层特征简表

地层单位		岩性特征
第四系	全新统	第四系松散层(Q_4):残坡积砂砾,次生黄土冲积砂砾层,以及现湖泊沉积物
	上更新统	马兰组(Q_{3m}):土黄、浅黄土,含砂质及钙质结核
上侏罗系至下白垩系		志丹群(J_3—K_{1zh}):该地层仅见于矿区的西部,岩性多为具大型交错层理的砂岩,局部砾岩发育

续表 2-1

地层单位		岩性特征
侏罗系	中统	安定组(J_{2a}):灰黄、灰绿、灰紫色含砾粗砂岩,夹紫色泥岩
		直罗组(J_{2z}):上部为紫红色粉砂岩、泥质砂岩与灰绿、灰黄色砂岩互层,下部以灰绿色厚层状中粗砂岩为主,含薄煤
		延安组(J_{2y}):为一套灰白、浅灰色各种粒级的砂岩与灰、深灰色粉砂岩、泥质砂岩互层,中夹具有工业开采价值的煤层,根据岩性组合特征可分为三个岩性段,根据成因类型可划分五个成因单元。本组地层含 2~7 个煤组,27 层煤,主要可采煤层 7 层,产植物化石、动物化石
三叠系	上统	永坪组(T_{3y}):以黄绿色、黄褐色的厚层状中粗粒砂岩为主,中夹泥质粉砂岩

2.2.2　地质构造

从区域构造的演变中,可发现华北地台经历了基底形成阶段和盖层稳定发展阶段之后,在晚三叠世末期开始进入地台活动阶段。在华北地台西部开始出现了继承性大型内陆坳陷型盆地——鄂尔多斯盆地。其构造形态总体为宽缓的大向斜构造(台向斜),轴部偏西,中部、东部广大地区基本为水平岩层,湖盆开口东南连接外海。而东胜煤田基本构造形态为一向南西倾斜的单斜构造,岩层倾角 1°~3°,褶皱断层不发育,但局部有宽缓的波状起伏,无岩浆岩侵入。根据现代地层学原理,对区内地层进行研究,除沿用原有的群、组级地层单位构成区域地层层序外,还在含煤地层中建立了生物地层单位和层序地层单位,这 2 种地层单位的界线不一定是吻合的。层序地层单位是一套特殊的堆叠形式,以明显的海(湖)水水进面或与其可对比的界面为界、彼此有成因联系的地层组合而成。它既具有生物地层单位的时间性,也具有岩石地层单位的直观性,是岩煤层对比和沉积体系、聚煤古环境再建的基础。

井田基本为一单斜构造,地层走向 N20°~30°W,倾向 S60°~70°W,地层倾角为 0°~3°,煤层底板具宽缓的波状起伏,在东部稍有隆起。属构造简单区。

2.2.3　地质活动

(1)褶曲。

从各煤层底板等高线可以看出,各煤层底板具宽缓的波状起伏,在东部稍有隆起,不存在明显的褶皱构造。

(2)断层。

通矿井在生产过程中共揭露大小断层 19 条,均为正断层,其中落差 1.0 m 以下断层

6条，落差1.0~3.0 m断层12条，落差3.0 m以上断层1条，所揭露的断层均为张性断裂，断裂带岩石较破碎，无导水现象，对工作面回采造成了一定的影响，不影响盘区划分。断层特征简表见表2-2。

(3)冲刷。

目前已开采的三、四、五盘区12煤层均有古河床冲刷出现，其中三、四盘区零星出现4处，规模较小，对工作面回采影响不大；五盘区12520工作面、12521工作面及12上主运、回风大巷揭露冲刷体规模较大，最大宽度165 m，揭露延伸长度1 431 m，最大切入煤层深度5.1 m，存在无煤区，主要岩性为细砂岩，半钙质胶结，致密坚硬，对煤体正常回采与掘进存在影响。

(4)岩浆岩。

目前本区域无岩浆岩活动记载。

(5)地震活动。

目前本区域内无地震活动，根据《中国地震烈度区划图》划分，所处区域为低烈度区。

表2-2 断层特征简表

序号	断层编号	性质	倾向/(°)	倾角/(°)	落差/m	揭露位置
1	F1	正断层	142	61	0.4~0.7	12401工作面
2	F2	正断层	356	62	0.8~1.5	12402工作面
3	F3	正断层	70	60	4.05	12302~12304工作面
4	F4	正断层	4	47	1.9~2.45	距12304切眼1 028 m
5	F5	正断层	135	50~60	1.7	12306工作面、12307工作面
6	F6	正断层	5	47	3	距12305切眼1 718 m
7	F7	正断层	100	40~60	0.8	12405工作面、12420工作面
8	F8	正断层	0~35	45~50	0.2~2.5	12309工作面、12310工作面
9	F9	正断层	316	58	1.5	12309运顺12310回顺6~8联巷
10	F10	正断层	125	30	1.3	12520工作面
11	F11	正断层	16~36	45~60	0.2~0.8	12309工作面、12310工作面
12	F12	正断层	195~216	45	0.1~1.5	12309工作面、12310工作面
13	F13	正断层	5~36	45~50	0.3~1.2	12310工作面、12311工作面
14	F15	正断层	210	60	0.3~1.0	12310工作面
15	F16	正断层	310	45	0.2~1.0	12310工作面
16	F17	正断层	44	60	1.4	12413工作面切眼
17	F18	正断层	33	55	2.2	12521工作面
18	F19	正断层	195~216	45	0.1~1.5	22308工作面
19	F20	正断层	16~36	45~50	0.2~0.8	22308工作面

2.2.4　可采煤层

矿区可采煤层有 11 层，批准开采的有 7 层，为 1-1、1-2 上 1#分煤层、1-2 上 2#分煤层、1-2、2-2 上、2-2 和 3-1 煤层，主要可采煤层为 1-2 煤层、2-2 煤层和 3-1 煤层，现将批准的可采煤层赋存情况简述如下：

（1）1-1 煤层：该煤层主要发育于矿区北部，厚度 0~2.56 m，平均厚度 0.90 m，在局部含一层夹矸，其可采范围集中于 5 勘探线以北，可采面积 7.0 km^2，距 1-2 煤层 3.10~24.40 m，平均 10 m，属不稳定煤层。

（2）1-2 上 1#分煤层：分布于 L12-BK14-BK11-BK9 连线以东，是 1-2 煤层最上的一个分层，该煤层在矿井东边界附近受到不同程度的后期冲刷，其厚度 0~2.65 m，平均厚度 1.51 m，可采面积 9.07 km^2，占分布面积的 80%，可采区内基本不含矸，距 1-2 煤层 0.80~15.85 m，一般在 T_m 左右，在 1 采区距 1-2 煤层 0.80~7.54 m，一般 2~5 m，该煤层特点是在 6 勘探线以北，煤层变化小，厚度分布较均匀，一般厚度为 1.5~2.0 m，6-6 勘探线以南，在 BK25 至浅 83 一线存在一个较大的不可采带，再向南至矿井边界的厚度保持在 1 m 左右，通过加密钻孔认为该煤层可采面积较大，埋藏浅，除在 1 采区南缘厚度变化较大外，在北部煤层厚度变化较小，认为总体来说属于较稳定煤层。

（3）1-2 上 2#分煤层：该煤层仅分布于 1 采区 BK11-BK25-Hn6 连线以东，厚度 0~2.06 m，平均厚度 1.2 m，不含矸，其特点是煤层可采范围主要集中在 6-6 勘探线以南，向北煤层变化加剧，仅在个别点可采，可采面积 200 万 m^2，距 1-2 煤层 0.80~7.32 m，一般厚度 1.5~4.0 m。

（4）1-2 煤层：该煤层为本区的主要可采煤层之一，全区发育，它包括 1-2 煤层的主层和分岔后的下分层，厚度 0~6.53 m，平均厚度 4.09 m，在井田中部自西向东有一个宽约 1 km、含矸 1~2 层的条带，煤层在井田东北部分岔，在分岔线以西，煤层厚度 3.80~6.53 m，平均煤层厚度 5.03 m，向南煤层厚度增大。分岔线以东，煤层厚度 0~2.32 m，平均厚度为 1.66 m，受成煤环境和后期冲刷的影响，该煤层在 BK3、BK4 二孔附近存在一个无煤区，在东部边缘及无煤区周围存在一定的不可采范围，距其下部 1-2 煤层厚度 0.5~17.3 m，一般厚度在 7 m 左右，距 2-2 煤层 30 m 左右。此煤层和其以上的煤层在井田东部受到了不同程度的后期冲刷和剥蚀。是通过加密控制，报告中认为该煤层主层厚度大，结构简单，在煤层变化较大的地段对分岔边界、无煤区及露头线控制清楚，属于稳定煤层。冲刷是 1-2 煤层存在的普遍现象，其发展规律不太明显，无章可循，一般自西北向东南呈条带状展布，冲刷体岩性为细—中砂岩，硅质、铁质胶结，硬度较大，煤层露头线则主要位于矿井东边界，沿乌兰木伦河一级阶地边沿展布。

（5）2-2 上煤层：该煤层为延安组上岩段的最下一个可采煤层，分布于矿井西北部，属局部可采煤层，厚度 0~1.69 m，平均厚度 0.68 m，可采面积 6.37 km^2，区内不含矸，距其上部的 1-2 煤层 0.50~17.30 m，一般 7 m 左右，为不稳定煤层。

（6）2-2 煤层：该煤层位于延安组中岩段的顶部，是该区的主要可采煤层之一，全区发育，结构简单，仅在底部含有 1~2 层夹矸，煤层厚度 5.91~7.89 m，平均厚度 6.75 m，总体在矿北半区稍薄，向南煤层厚度则呈增大趋势，距其下部的 3-1 煤层 30 m 左右，该煤层除在矿井东边界受到一定的冲刷外,区内受后期的影响较小,属稳定煤层。

(7)3-1 煤层:该煤层位于延安组中岩段的中下部,为本区最下一层主要可采煤层,煤层厚度 2.28~3.95 m,平均厚度 3.16 m,属稳定煤层。

可采煤层发育特征如表 2-3 所示。

表 2-3 可采煤层发育特征

煤层		煤层厚度/m 最小~最大 平均(点数)	煤层间距/m 最小~最大 平均(点数)	可采厚度/m 最小~最大 平均(点数)	点数可采指数	面积可采数/%	结构情况 夹矸层数/层 夹矸厚度/m	稳定性及可采程度
1 煤组	1-1	0.15~3.95 0.87(126)		0.80~3.35 1.27(49)	0.39	17.25	0~3 0~2.60	不稳定 局部可采
			1.20~25.91 8.50(83)					
	1-2 上	0.10~4.67 1.17(171)		0.80~4.29 1.62(86)	0.50	27.07	0~2 0~1.93	较稳定 局部可采
			1.41~27.25 12.88(162)					
	1-2	0.20~10.90 4.37(260)		0.80~9.39 4.07(257)	0.99	98.65	0~5 0~3.62	稳定 全区可采
			14.65~44.56 23.63(22)					
2 煤组	2-2 上	0.20~5.76 1.31(25)		0.80~5.76 1.58(18)	0.72	4.92	0~2 0~0.84	不稳定 不可采
			0.63~27.44 15.23(22)					
	2-2	0.41~11.42 6.08(222)		1.25~9.20 5.80(222)	1	100	0~8 0~3.22	稳定 全区可采
			7.44~25.84 15.43(75)					
3 煤组	3-1 上	0.16~1.34 0.46(76)		0.97 0.97(1)	0.01	0	0~1 0~0.73	不稳定 不可采
			0.80~15.59 6.33(75)					
	3-1	0.25~5.27 2.18(207)		0.81~5.27 2.46(168)	0.81	79.73	0~3 0~0.79	较稳定 大部可采
			17.80~36.22 26.14(186)					
4 煤组	4-2 上	0.15~4.92 1.45(189)		0.80~3.90 1.61(120)	0.64	55.25	0~3 0~2.48	较稳定 大部可采
			0.63~22.03 7.30(110)					
	4-2	0.12~3.90 0.65(119)		0.80~2.32 1.12(26)	0.22	12.18	0~4 0~2.31	不稳定 不可采
			2.53~23.24 10.80(75)					
	4-2 下	0.10~2.45 0.65(136)		0.80~2.45 1.03(37)	0.27	20.93	0~3 0~0.82	不稳定 不可采
			2.05~27.35 11.41(109)					
	4-3	0.10~3.17 0.58(161)		0.80~3.17 1.21(15)	0.09	5.07	0~3 0~3.11	不稳定 不可采
			4.51~32.44 20.00(143)					
5 煤组	5-2 上	0.05~7.20 2.63(171)		0.85~5.22 2.83(151)	0.88	83.28	0~3 0~0.95	稳定 全区可采
			0.84~19.45 4.28(67)					
	5-2 下	0.12~2.75 0.59(70)		0.80~2.40 1.04(13)	0.19	3.27	0~1 0~0.74	不稳定 不可采

2.3 区域水文地质条件

2.3.1 水文地质概况

鄂尔多斯台地是一个中生代的构造盆地，盆地内在达拉特旗境内的乌兰格尔一带有一近东西向延伸的古老基底的隆起，隆起以北深部地下水向北运动，最终以径流排泄补给黄河；隆起以南深部地下水向南运动，向区外的乌审旗和陕北榆神区径流排泄。浅层地下水则以东胜梁为分水岭，分水岭以北除一部分通过新近系红土隔水层“天窗”补给深层地下水外，大部分以地表径流补给库布齐沙漠或排泄于黄河；分水岭以南分为两个部分，一部分向南东方向运动，最终排泄于乌兰木伦河及其支流，另一部分则缓慢地向南西方向运动，排泄于内陆水系秃尾河及其湖泊红海子、红碱淖等地表水体。

区域地下水主要靠大气降水补给，大气降水一部分通过松散砂层渗入地下补给浅层地下水，另一部分通过沟谷排泄于区外，第三部分通过蒸发作用而消耗掉。区内气候特点决定的昼夜温差所形成的大气凝结水也是区内地下水的一种补给来源。因此，大气降水是区内浅层地下水的主要补给来源，气候条件是控制浅层地下水动态变化的主要因素。

研究区水文地质柱状图如图2-7所示。

2.3.2 主要含水层

(1)中生界中侏罗系延安组(J_{2y})。

该地层为本地区的主要含煤地层，为一套内陆盆地沉积的碎屑岩建造。钻孔揭露地层厚度为154.0~194.8 m，平均为180 m。与下伏永坪组呈假整合接触。

(2)中生界中侏罗系直罗组(J_{2z})。

该地层由浅蓝色、浅黄绿色及灰色砂泥岩、砂岩组成。厚度为83.48~141.40 m，该地层下部有大型树干化石，局部可见煤线，与下伏延安组呈假整合接触。

(3)侏罗系中统安定组(J_{2a})。

岩性主要为紫红色、杂色泥质砂岩，泥岩与灰绿、黄绿色粉砂岩互层。西南部地层厚度较大，东北部厚度变薄。据钻孔资料统计，地层残存厚度0~63.3 m，平均厚度13.0 m。与下伏直罗组(J_{2z})整合接触。

(4)上侏罗系至下白垩系志丹群(J_3-K_{1zh})。

该地层仅见于矿区的西部边缘地段。岩性多为具大型交错层理的砂岩，局部砾岩发育，残留厚度50 m左右。与下伏地层呈不整合接触。

(5)新生界上更新统马兰黄土(Q_{3m})。

该沉积仅见于沟掌或沟谷两侧，成分为含沙黄土，垂直节理发育，形成陡崖，残留厚度3~5 m，分布范围不大。与下伏地层呈不整合接触。

(6)新生界全新统第四系松散层(Q_4)。

按成因分类，主要为风积沙、冲淤积、河床冲积物等，厚度一般为10~20 m，局部可达

50 m。

地层时代					地层厚度/m		柱状	煤层	岩性描述	水文地质特征
界	系	统	群	组	最小~最大 平均/m	累厚				
新生界	第四系Q				3.0~49.76 20.62	20.62	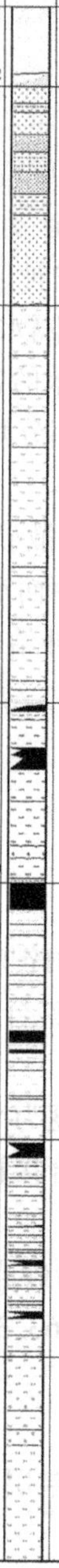		主要为风积沙层，浅黄色，主要由中砂和细砂组成，上部含较多的黄土质，极松散，角度不整合于一切老地层之上	地下潜水多沿沟谷两侧及地形低洼处渗出，流量一般0.062~21.72 L/s，水质为HCO_3^--Ca^{2+}型水，单位涌水量为0.024 4~0.611 8 L/(s·m)
中	侏罗系~白垩系 J-K	上侏罗下白垩统 J_3-K	志丹群 J_3-K_{zh}		31.09~97.34 56.53	77.15			为厚层状的杂色砾岩、含砂粗砂岩，上部具杂色，中细砂岩等，砾石成分由花岗岩、花岗片麻岩、石英岩等组成，泥质胶结，较疏松，分选差，磨圆中等，具大型斜交层理，最大砾径约为10 cm，一般为3~5 cm，与下伏地层角度呈不整合接触	该地层主要分布在井田的西部，由于受剥蚀与风化作用，上部岩石胶结疏松，孔隙、裂隙较发育，含有部分孔隙、裂隙水，在露头处有泉水出露，单位涌水量0.008 35~0.014 L/s，渗透系数0.017 4~0.023 8 m/d。下部孔隙裂隙减弱，该层厚度变化较大，水质为HCO_3^--Ca^{2+}·Na^+·Mg^{2+}、HCO_3^--Ca^{2+}·Mg^{2+}型水
	侏	中侏罗统 J_3		直罗组 J_{3Z}	83.46~141.42 102.53	179.68			为一套杂色，细、中粒砂岩，砂质泥岩和粉砂岩，颜色为灰白、灰黄、灰蓝、灰绿、灰紫等，砂岩成分以石英为主，次为长石，为泥质或黏土质胶结，较疏松，含泥质、铁质结核，局部较富集，底部为厚层状灰黄色，中、粗粒砂岩，全组地层厚度变化较大，相变频繁，常具水平层理、小型交错层理等，下部发育一号煤层，分布极不稳定，不可采，与下伏地层呈平行不整合接触关系	该段受风化剥蚀作用，残存厚度不一，东部边缘厚度为零，向西部逐渐增厚，可达159.70 m，平均厚度约94.19 m，该段砂岩体后的变化较大，细—粗粒砂岩，总厚一般为1.85~68.11 m，平均厚约28.55 m，向东部边缘变薄尖灭，上部裂隙较发育，该段含少量孔隙、裂隙水，该段顶部和底部的粉砂岩和泥岩具有一定的隔水性，据钻孔抽水试验，单位涌水量为0.002 63~0.002 72 L/(s·m)，渗透系数:0.012 2~0.000 965 m/d，水质为CO_3^{2-}-Na^+型水，矿化度0.57 g/L
生	罗	中		延	41.88~85.33 46.51	226.19			由灰白色，中、细粒砂岩，粉砂岩，粗砂岩，砂质泥岩和煤组成，底部为灰白、黄绿色细砂岩，中砂岩和粉砂岩，局部变相为粗砂岩，具小型波伏、水平层理及槽状、板状交错层理，含大量植物化石碎片及煤包体	
		下侏罗		安	49.78~78.06 66.32	292.51			主要由深灰色—灰黑色粉砂岩，砂质泥岩，细砂岩和煤组成，2#、3#煤层厚度大、层位稳定，结构简单，可作本区对比标志，为本区主要可采煤层，底部具一厚层状灰白色中、细粒砂岩，局部相变为砂质泥岩和粗砂岩，含较大炭屑和铁质结核，夹有两层薄煤线	1~2煤，该段厚度29.8~47.68 m，平均厚40.55 m，含水岩性，细—粗砂厚平均为21.11 m，单位涌水量小于0.007 7 L/(s·m)，渗透系数为0.048 8 m/d。 2~3煤，该段厚度为25.09~36.9 m，含水岩性，细—粗砂厚度平均9.46 m，单位涌水量小于0.003 8 L/(s·m)，渗透系数为0.021 5 m/d。 1~3煤，该段厚度一般为60.17~97.61 m，平均厚72.92 m，砂岩体厚平均26.53 m，该段含有承压水，根据抽水成果：单位涌量0.001 19 L/(s·m)，渗透系数:0.003 14 m/d，水质为Cl^--HCO_3^--Ca^{2+}·Na型水，矿化度1.1 g/L
	系 J	统 J_{1-2}		组 J_{1-2F}	43.00~69.96 56.28	348.79			主要由灰色、灰白色细砂岩，粉砂岩，灰黑色砂质泥岩，黑色泥岩和煤组成，含4、5两个煤组，煤层厚度变化较大，分布不稳定，局部可采，底部具灰—灰白色中砂岩，局部相关为粗砂岩	该厚度71.61~102.72 m，平均厚83.82 m，其中砂岩体厚度12.48~56.05 m，平均厚33.51 m，该段以砂质泥岩、粉砂岩为主，底部以中、细砂岩为主，岩石胶结致密，裂隙不发育，据涌水钻孔资料，涌水量为0.039~1.00 L/s，渗透系数0.000 711 m/d，水质为Cl^--HCO_3^--Ca^{2+}·Na^+型水，矿化度为1.0 g/L
界 MZ	三叠系 T	上统 T_3		延长组 T_{3-7}					主要为灰绿色中砂岩，其次为粗砂岩和细砂岩，成分以石英为主，长石次之，含较多白云母片及少量暗色矿物，黏土质胶结，层理不明显，分选较好，顶部常保留有风化壳的物质	该层为本区煤系地层基底，井田内钻孔揭露最大厚度为67.90 m，据邻区资料，该层含有承压水，涌水量为0.019 L/s，渗透系数0.003 7 m/d

图例
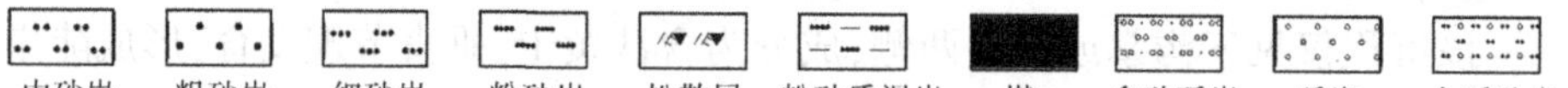

图 2-7　研究区水文地质柱状图

2.3.2.1　浅层地下水含水层水文地质特征

主要分布于东胜梁南、北两部及沟谷之中。为中更新统—全新统冲、湖积层。现代的冲、洪积层呈条带状、树枝状分布于各大沟谷中。其他有上更新统的萨拉乌素组冲、湖积层主要分布在远离煤田的西南边缘哈头才当一带。北部只有零星薄层分布。风积沙在南部区分布较广,黄土层和残坡积层全区均有分布。

南部冲、洪积层含水层厚度一般为 2~8 m,最厚达 36.19 m(ZK08 孔),地下水埋深一般为 4~15 m,单位涌水量 q=0.000 611~0.36 L/(s · m),渗透系数 K=0.116~5.35 m/d;矿化度为 0.193 g/L,水质为 HCO_3^--Ca^{2+} 型,南部区富水性中等,q = 0.578 7~1.574 L/(s · m)。

北部河谷冲、洪积层含水层厚度一般为 2~4 m,西柳沟最厚可达 15.98 m,地下水埋藏浅,一般 1~3 m,下游一般小于 1 m,富水性弱,q=0.115 7~0.578 L/(s · m),水质为 HCO_3^--Ca^{2+} · Mg^{2+}型,矿化度小于 0.5 g/L。

2.3.2.2　中层承压含水层水文地质特征

该组地层全区分布,厚度较大,在煤矿五、六盘区西部各沟谷的两侧有广泛的出露。岩层下部以灰绿、浅红色砾岩为主,上部为深红色泥岩、泥质砂岩夹细砂岩。砂岩成分以石英、长石为主,分选及磨圆度较差,泥质胶结,具大型斜层理和交错层理。含水层岩性以各粒级的砂岩及砂砾岩为主,局部裂隙发育,特别是在顶部 20 m 范围内,风化带岩石破碎、风化裂隙较为发育。该组地层结构疏松,孔隙率高,给地下水形成提供了良好的储水空间,是本区主要含水层。根据煤矿五、六盘区补勘施工的 BK41、BK79、BK106 号钻孔对白垩系下统志丹群孔隙、裂隙承压水含水层的抽水试验成果:含水层厚度 38.13~65.69 m,平均 52.03 m,地下水埋深 13.55~28.1 m,水位标高 1 304.30~1 327.4 m,钻孔最大涌水量 Q=0.267~0.34 L/s,单位涌水量 q=0.008 35~0.014 4 L/(s · m),渗透系数 K=0.017 4~0.023 8 m/d,水温 8~10 ℃,溶解性总固体 18~187 mg/L,pH 为 8.1~8.8,硝酸盐 NO_3^- 含量 2.64~19.9 mg/L,F^-含量 0.56~0.75 mg/L,As 含量 0 mg/L,地下水化学类型为 HCO_3^--Na^+ · Ca^{2+} · Mg^{2+}、HCO_3^--Ca^{2+} · Mg^{2+}型水,水质良好。由此可知,含水层的富水性不均匀,为弱—中等,透水性能较强。由于没有较好的隔水层,所以与上、下部含水层均有一定的水力联系。该含水层为矿床的直接充水含水层。

2.3.2.3　侏罗系裂隙含水层水文地质特征

1. 直罗组裂隙承压水含水岩段

据煤矿五、六盘区补勘施工的 BK79、BK40 号钻孔对侏罗系中统安定组、直罗组孔隙、裂隙承压水含水层的抽水试验成果:含水层厚度 20.60~23.30 m,平均厚度 21.95 m,地下水埋深 67.43~73.85 m,水位标高 1 264.1~1 266.19 m,钻孔涌水量 Q=0.052~0.155 L/s,单位涌水量 q=0.002 63~0.002 7 L/(s · m),渗透系数 K=0.009 6~0.012 2 m/d,水温 10 ℃,溶解性总固体 18 mg/L,pH 为 10.3,硝酸盐 NO_3^- 含量 0 mg/L,F^- 含量 0.73

mg/L,As 含量 0 mg/L,地下水化学类型为 HCO_3^--Na^+型水,水质较差。由此可知,含水层的富水性弱,透水性与导水性能差,地下水的径流条件差。该含水层与上部含水层有一定的水力联系,与下部含水层的水力联系较小,该含水层为矿床的间接充水含水层。

2. 延安组承压裂隙含水岩段

根据钻孔揭露资料,该组岩性主要由一套浅灰、灰白色各粒级的砂岩,灰色、深灰色泥质砂岩,泥岩和煤层组成,砂岩主要成分为石英、长石,泥质胶结及高岭土质胶结;发育有水平纹理及波状层理。含水层岩性主要为粗粒砂岩,次为中粒砂岩、细粒砂岩,泥质填隙,裂隙主要为水平或波状层理面及稀少的岩体节理。根据煤矿五、六盘区补勘施工的BK37、BK76、BK94 号钻孔对侏罗系中下统延安组孔隙、裂隙承压水含水层的抽水试验成果:含水层厚度 21.10~42.50 m,平均厚度 29.60 m,地下水埋深 9.18~141.6 m,水位标高 1 184.02~1 276.5 m,钻孔最大涌水量 Q=0.025~0.45 L/s,单位涌水量 q=0.000 37~0.014 L/(s·m),渗透系数 K=0.001 65~0.031 m/d,水温 10 ℃,溶解性总固体 61 mg/L,pH 为 9.1,硝酸盐 NO_3^- 含量 0 mg/L,F^- 含量 1.0 mg/L,As 含量 0 mg/L,地下水化学类型为 HCO_3^--Na^+型水,水质较好。由此可知,含水层的富水性弱,透水性与导水性能差,地下水的径流条件差。该含水层与下部含水层的水力联系较小。该含水层为矿床的直接充水含水层和主要充水含水层。

3. 2-2 煤层~3-1 煤层承压裂隙含水层段

该含水段全区分布广泛,该段总厚度 31.6 m,水位标高+1 116.7 m,涌水量 23.6 m/d,3-1 煤层含水岩段特点为:含水岩石致密、坚硬,裂隙不发育,承压水头高、水量小,矿化度 1~3 g/L,水质类型为 SO_4^{2-}·Cl^--Na^+型水。

主要含水层特征如表 2-4 所示。

表 2-4 主要含水层特征

地下水类型	含水单元	主要岩性	层厚/m	单位涌水量/[L/(s·m)]	水质类型	矿化度/(g/L)
松散岩类孔隙潜水含水岩组	全新统冲洪潜水含水层	各粒级砂、砾石层	16~36	0.000 611~0.36	HCO_3^--Ca^{2+}	
	全新统风积沙潜水含水层	浅黄色细粒砂	0~56	2.55~40.91	HCO_3^--Ca^{2+}	0.2~0.38
	萨拉乌素组潜水含水层	湖积粉、细砂	107	0.001 6~3.74	HCO_3^--Ca^{2+}	0.8

续表 2-4

地下水类型	含水单元	主要岩性	层厚/m	单位涌水量/[L/(s·m)]	水质类型	矿化度/(g/L)
碎屑岩类孔隙裂隙潜水承压水含水岩组	志丹群含水层	以砾岩、粗粒砂岩为主，夹细砂岩泥岩	0~500	0.007 8~2.171	HCO_3^--Na^+ HCO_3^--Ca^{2+}·Mg^{2+}	0.25~0.3
	侏罗系中统含水层	以中、粗粒砂岩为主	0~358	0.000 437~0.027 4	HCO_3^-·Cl^--Na^+	0.741~0.95
	侏罗系中统延安组含水层	灰白、浅灰各粒级砂岩	133~279	0.002 7~0.026	HCO_3^-·Cl^--Na^+	0.10~175.40
	三叠系上统永坪组含水层	以灰绿色中、粗粒砂岩为主	>78	0.000 308~0.253	Cl^--Na^+ HCO_3^-·Cl^-·SO_4^{2-}-Na^+	

2.3.3　主要隔水层

井田隔水层主要包括侏罗系中下统延安组顶部隔水层及侏罗系中下统延安组底部隔水层。

(1)侏罗系中下统延安组顶部隔水层。

位于煤系地层顶部，岩性主要由灰色、深灰色泥质砂岩，粉砂岩组成，局部相变为细粒砂岩，发育有水平纹理及波状层理，隔水层厚度 0~17.6 m，平均厚度 7.2 m。隔水层的厚度较为稳定，分布也较为连续，隔水性能较好。

(2)侏罗系中下统延安组底部隔水层。

位于煤系地层底部，岩性主要为深灰色泥质砂岩、泥岩，致密，发育交错层理。隔水层厚度一般小于 1 m。隔水层的厚度较为稳定，分布也较为连续，隔水性能较好。

2.3.4　地下水径流、补给、排泄条件

伊金霍洛旗丘陵地区的潜水含水层主要接受大气降水入渗补给，河谷地区的潜水含水层主要接受降水入渗补给、上游与河谷两侧的地下径流补给，以及河道渗漏补给；承压含水层除受区外承压含水层侧向径流补给外，还接受上层潜水含水层不同程度的越流补给。在排泄方面，丘陵地区的大部分潜水排泄于河谷，形成地表径流，此外，蒸发也是丘陵地区潜水的主要排泄方式；承压水的排泄方式以向区域外的侧向径流排泄为主，局部区域内由于隔水顶板缺失，与上层潜水发生水力联系，越流排泄于潜水含水层。

此外，伊金霍洛旗境内西部及南部湖泊较多，这些湖泊大多为旗境内地表水的汇集场所，同时也是浅层地下水的排泄场所。

2.3.5 地下水水位监测

了解研究区地下水环境变化,为进行煤层上覆含水层机制变化和地下水三维数值模拟奠定基础,开展研究区地下水水位测量工作,以研究区及周边地区浅层含水层水位为观测对象,分别在2020年6月、2021年9月对地下水水位进行测量,并选取3个点为长期观测井,放置地下水水位监测计,对地下水水位进行长期观测,得到2020年全研究区浅层含水层在丰、平、枯三期的水位变化数据。

2.4 结 论

本章从研究区的地理位置、交通位置、气象条件、区域地质、水文地质条件等方面进行详细阐述,重点了解研究区地质、水文地质特征,研究区共分布有浅层第四系沉积物孔隙含水层、中层志丹群裂隙-孔隙含水层、深层裂隙基岩含水层:直罗组含水层、延安组含水层、延长组含水层(组),对研究区潜水含水层水位进行测量,并放置长期水位监测器对水位进行监测,为地下水数值模拟奠定基础。结果表明:研究区范围内,降水少,蒸发量大,地下水主要来源于大气降水的渗入,因此区内地下水比较贫乏,基岩浅层地下水径流方向为西北—东南,乌兰木伦河为最终的汇集地。主要排泄项为蒸发、矿区采煤疏干排水及当地村民灌溉用水,当地村民生活用水均来自镇自来水公司,水源地距研究区约20 km,故不列入考虑范围。研究区长期观测水位平均标高1 280.37 m,丰、平、枯三期水位变化幅度不超过1 m。

参考文献

[1] 曾强宇.呼和乌素沟地表水害防治方案最优选择[J].内蒙古煤炭经济,2019(16):227-228.

[2] 王昱同. 神东矿区矿井水水化学特征及演化规律研究[R].北京:煤炭科学研究总院,2023.

[3] 范建明.东胜煤田板户梁煤炭普查区沉积环境探讨[J].中州煤炭,2010(10):39-40.

[4] 吴桂义.浅谈山西省朔州市梵王寺井田9号煤层赋存特征及含煤岩系沉积环境[J].科技视界,2016(13):271.

[5] 田臣,杨增福,李金刚.褶皱构造区大采高工作面矿压显现三维相似模拟[J].黑龙江科技大学学报,2023,33(6):861-868.

[6] 陈苏社. 神东矿区井下采空区水库水资源循环利用关键技术研究[D].西安:西安科技大学,2018.

[7] 解倩. 神东矿区中水灌溉对不同植被类型下土壤理化性质的影响[D].杨凌:西北农林科技大学,2016.

[8] 王肖凤.补连塔煤矿12煤六盘区采区地质说明书编写探讨[J].内蒙古煤炭经济,2023(14):187-189.

[9] 景建强,李佳佳.松软低透气性煤层瓦斯抽采技术研究[J].煤炭与化工,2023,46(1):98-102.

[10] 吴孟秋.贵州省兴仁市国保煤矿煤质特征及岩相特征[J].西部探矿工程,2024,36(2):142-144,148.

[11] 牛月萌,韩俊,余一欣,等.塔里木盆地顺北西部地区火成岩侵入体发育特征及其与断裂耦合关系

[J]. 石油与天然气地质,2024,45(1):231-242.

[12] 张健. 神东矿区水文地质模型构建及高强度开采对地下水影响研究[D]. 阜新:辽宁工程技术大学,2023.

[13] 韩萱,黄磊,刘廷玺,等. 西北煤电集聚区不同水体水化学特征及氟分布成因[J]. 中国环境科学,2024,44(7):3810-3822.

[14] 卢振,郭洋楠,李国庆,等. 神东矿区地表水、地下水和矿井水水质特征及健康风险评价[J]. 安全与环境工程,2023,30(5):222-234.

[15] 田瑞云. 神东矿区开发与保护地下水资源研究[D]. 阜新:辽宁工程技术大学,2003.

[16] XU Y K, WU K, LI L, et al. Ground Cracks Development and Characteristics of Strata Movement Under Fast Excavation: a Case Study At Bulianta Coal Mine, China[J]. Bulletin of Engineerimg Geology and the Environment,2019,78(1):325-340.

[17] 乔柄霖,彭海兵,刘兆祥,等. 补连塔煤矿矿井水综合利用研究及其具体成效[J]. 中国煤炭,2023,49(S1):93-98.

[18] 杜锋,SYD S PENG. 神东矿区岩石物理力学性质变化规律研究[J]. 采矿与安全工程学报,2019,36(5):1009-1015.

[19] 王创业,薛瑞雄,朱振龙. 补连塔矿区不同采高对覆岩移动和破坏的影响[J]. 煤矿安全,2016,47(1):204-207.

[20] 赵春虎,靳德武,虎维岳. 采煤对松散含水层地下水扰动影响规律及评价指标:以神东补连塔井田为例[J]. 煤田地质与勘探,2018,46(3):79-84.

[21] 黄成,肖作林,刘睿,等. 鄂尔多斯高原风蚀气候侵蚀力时空演变:以 1999—2018 年为例[J]. 农业与技术,2023,43(22):62-67.

第3章 采煤驱动下矿区地下水系统演化

3.1 矿区主要活动

影响研究区地下水系统的主要人为活动有煤矿开采、农业灌溉、人畜用水等,该地区受矿区人口搬迁影响,农业灌溉与人畜用水对地下水系统变化趋势影响极小,煤矿开采对地下水系统变化趋势起主导作用。

3.1.1 矿区开采现状

研究区煤炭储量丰富,截至2009年,已探明可采储量达15.13亿t,煤矿设计生产能力为2 500万t/a,服务年限为46.6年,未来为提高煤炭储量将扩大矿区范围,预计新增井田面积为78.7 km^2,地质储量15亿t,估算可采储量约9.75亿t,按生产能力2 500万t/a计算(储量备用系数取1.3),预计可增加服务年限30年,矿井剩余服务年限77年。

3.1.2 水源开发利用现状

研究区内无水源供给地。

3.1.3 重点研究范围

结合课题研究目标、区域地质情况、区域水文地质资料等,数值模拟选定在以矿区为中心、乌兰木伦河为边界的区域内进行模拟,地下水采样工作以乌兰木伦河及其支流为网格,进行网格状采样。

3.2 矿区地下水化学特征及驱动因素

3.2.1 样品处理与分析

根据伊金霍洛旗当地气候特点与水文地质资料,在2021年8月进行采样,采样过程严格遵守《地下水环境监测技术规范》(HJ 164—2020),以乌兰木伦河及其上游支流呼和乌素沟、下游支流活鸡兔沟为网格,进行网格状采样,并适当向研究区外延伸,采样点分布如图3-1所示。

水样装于50 L水样瓶内,加入硝酸保存剂,并使用Parafilm封口膜密封保存。后将水样送往内蒙古自治区环境科学研究所进行监测,共测试Na^+、K^+、Ca^{2+}、Mg^{2+}、F^-、Cl^-、SO_4^{2-}、NO_3^-、CO_3^{2-}、HCO_3^-、TDS、pH、δD、$\delta^{18}O$ 14项指标,测试结果如表3-1所示。

表 3-1 各含水层化学组分质量浓度

类别		测试指标												
		pH	TDS	F^-	Cl^-	NO_3^-	SO_4^{2-}	HCO_3^-	Ca^{2+}	K^+	Mg^{2+}	Na^+	δD	$\delta^{18}O$
地表水（6 例）	平均值	8.06	1 327.97	1.96	221.29	0.62	605.71	13.52	75.42	5.23	20.48	406.38	−55.66	−6.949 5
	标准差	1.07	1 668.12	2.19	310.22	0.32	893.76	21.88	83.63	4.68	20.71	455.16	7.90	1.471 45
	最大值	10.04	4 116.00	6.26	701.15	0.99	2 119.46	52.43	229.02	13.11	58.72	1 109.20	−46.42	−5.23
	最小值	7.03	114.92	0.27	6.85	0.22	1.50	0	4.90	0.27	2.05	32.20	−65.55	−8.92
第四系含水层（11 例）	平均值	7.57	561.64	0.77	95.79	10.04	103.97	4.63	76.85	3.07	20.89	123.14	−63.98	−8.481 5
	标准差	0.37	556.40	1.35	121.99	10.53	97.87	1.36	48.27	1.73	9.03	251.24	7.79	1.470 53
	最大值	8.39	2 113.00	4.82	397.61	31.09	375.22	6.80	151.93	6.07	40.12	872.18	−42.58	−4.3
	最小值	7.02	112.00	0	8.32	0	23.61	2.53	9.47	0.28	4.42	17.00	−69.69	−9.63
直罗组含水层（6 例）	平均值	7.54	665.19	1.33	89.91	3.54	289.50	17.93	90.94	3.88	21.72	225.95	−63.58	−8.831 2
	标准差	0.35	414.05	1.48	117.47	4.19	297.52	28.75	53.39	2.58	21.32	165.95	3.19	0.367 76
	最大值	8.14	1 149.00	3.98	308.67	10.51	846.19	76.49	156.53	7.82	63.51	444.87	−58.05	−8.23
	最小值	7.16	169.33	0.32	6.37	0	31.40	4.21	17.11	1.08	7.47	11.80	−67.25	−9.26
延安组含水层（6 例）	平均值	7.18	2 088.77	5.15	303.50	2.58	729.00	0	178.78	18.40	29.83	5.93	−81.13	−11.064 7
	标准差	0.38	385.06	0.49	36.06	2.28	161.22	0	192.10	0.28	23.11	2.90	6.30	0.763 51
	最大值	7.45	2 361.05	5.49	329.00	4.19	843.00	0	314.61	18.60	46.17	7.98	−71.17	−10.11
	最小值	6.91	1 816.49	4.80	278.00	0.96	615.00	0	42.94	18.20	13.49	3.88	−89.73	−12.16

注：1. 括号中的数据为采样点数量；

2. 除 pH 值外，其他数据的单位均为 mg/L。

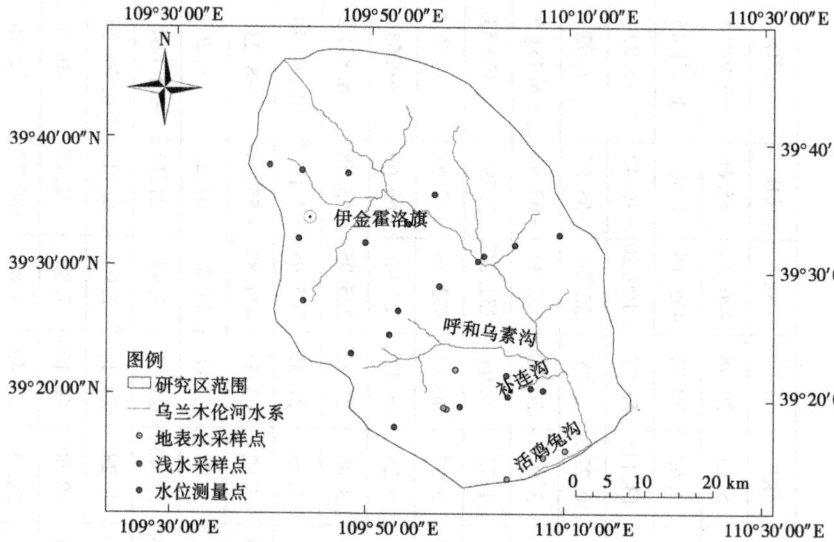

图 3-1 采样点分布

3.2.2 数据分析与处理

对各个化学组分进行主成分分析、相关性分析，完成了离子比分析、Gibbs 图及 Piper 三线图，绘制各化学组分在空间上的分布特征图。乌兰木伦河流域地下水各化学组分含量以《地下水质量标准》(GB/T 14848—2017)为标准(选取地下水质量标准Ⅲ类水为标准值)，各组分所占权重使用改进内梅罗指数法进行评价，该方法通过引入权重的概念，在一定程度上消除了极大值对计算结果的影响，其计算公式如下：

$$N_i = \frac{C_i}{C_0} \tag{3-1}$$

$$R_i = \frac{C_{\max}}{C_0} \tag{3-2}$$

$$W_i = \frac{R_i}{\sum_{i=1}^{n} R_i} \tag{3-3}$$

式中 N_i——第 i 项影响因子的污染指数；

C_i——第 i 项影响因子的实测含量；

C_0——第 i 项影响因子的标准值；

$C_{\max}$——各类影响因子在水样测试中获得的最大值；

W_i——各类影响因子的权重值；

n——影响因子数。

各测试指标的权重值见表 3-2。

表 3-2　各测试指标的权重值

测试指标	权重值	测试指标	权重值
Na^+	0. 166 4	NO_3^-	0. 069 8
K^+	0. 007 6	CO_3^{2-}	0. 005 3
Mg^{2+}	0. 025 4	HCO_3^-	0. 049 2
Ca^{2+}	0. 064 2	TH	0. 039 8
Cl^-	0. 043 7	TDS	0. 078 5
SO_4^{2-}	0. 173 4		

注:TH 为水的硬度,TDS 为总溶解性固体。

由表 3-2 可知:SO_4^{2-}、Na^+、NO_3^-、Ca^{2+}、HCO_3^-、Cl^-这 6 种离子所占权重较大,说明水质受这 6 种离子的影响程度较大,其中 Na^+的权重值较高,为 0. 166 4,说明水质受 Na^+的影响程度最大,计算各采样点得分值时,应重点考虑 Na^+带来的影响。

计算公式如下:

$$\bar{\bar{N}} = \frac{N_{max} + N_q}{2} \tag{3-4}$$

$$N = \sqrt{\frac{\bar{N}^2 + \bar{\bar{N}}^2}{2}} \tag{3-5}$$

式中　N_{max}——测试样本中某一污染因子单组评分最大值;

N_q——权重最大的污染因子对应的最大评分值;

$\bar{N}$——某一污染因子单组评分的平均值;

N——某一污染因子的综合污染指数。

各采样点得分值见表 3-3,内梅罗指数分级见表 3-4。

通过对比表 3-3 与表 3-4 可对乌兰木伦河流域整体水质情况作出评价。

表 3-3　各采样点得分值

测试指标	得分值	测试指标	得分值
BN004	0. 50	DXS017	0. 54
007	0. 71	DXS053	0. 57
008	0. 69	006	0. 75
DXS026	0. 67	DXS010	0. 81
DXS008	0. 53	005	0. 51
DXS002	0. 96	bu-2	8. 86
DXS015	0. 88	bu-9	0. 38
BN002	0. 99	DXS	0. 47
DXS029	0. 68	DBS	0. 43
DXS003	0. 90	1-2	7. 02
ZDS002	3. 77	2-2	7. 81
DXS004	1. 51		

表 3-4 内梅罗指数分级

等级	极好(Ⅰ)	较好(Ⅱ)	一般(Ⅲ)	较差(Ⅳ)	极差(Ⅴ)
N	$N \leqslant 0.59$	$0.59<N \leqslant 0.75$	$0.75<N \leqslant 1$	$1<N \leqslant 3.96$	$N>3.96$

3.2.3 地下水组分特征

对12项测试指标进行数理分析统计,结果见表3-5。测试指标的变异系数数值越接近0,说明该因子在环境中稳定存在,为环境不敏感因子;反之,为环境敏感因子。由表3-5可知,研究区地下水pH的平均值为7.40,变异系数为0.05,说明该区域的地下水长期处于稳定的弱碱性环境;Na^+、SO_4^{2-} 平均含量大,变异系数高,说明研究区地下水中含有大量 Na^+、SO_4^{2-},且易受到自然或人为因素的影响而发生变化;Mg^{2+}、CO_3^{2-} 虽然平均含量较大,但变异系数均接近1,说明这些离子在地下水环境中较为稳定地存在;K^+的平均含量较小,但变异系数较高,说明 K^+离子随自然或人为因素影响出现局部富集现象,且 Cl^- 平均含量为56.69 mg/L,小于250 mg/L,说明地下水为淡水环境。

表 3-5 地下水化学成分统计

测试指标	平均值/(mg/L)	标准差/(mg/L)	最大值/(mg/L)	最小值/(mg/L)	变异系数
Na^+	134.91	250.47	1 001.00	11.80	1.85
K^+	4.78	9.40	46.17	0.56	1.96
Mg^{2+}	29.75	29.79	153.16	3.88	1.00
Ca^{2+}	63.05	77.22	386.06	8.36	1.22
Cl^-	56.69	82.94	329.00	2.39	1.46
SO_4^{2-}	160.56	320.45	1 303.33	1.50	1.99
NO_3^-	8.80	11.76	41.97	0	1.33
CO_3^{2-}	13.60	10.03	40.10	0	0.73
HCO_3^-	198.67	101.33	370.45	0	0.51
TH	92.81	104.72	539.22	22.08	1.12
TDS	558.67	637.19	2 361.05	114.92	1.14
pH	7.40	0.43	7.99	5.91	0.05

3.2.4 水化学组分评价

表3-6为地下水水化学组分各指标的评分等级,由表3-6可知,乌兰木伦河流域整体水质较好,绝大多数地区水质优于《地下水质量标准》(GB/T 14848—2017)中Ⅲ类水标准。1-2、2-2、bu-2三个采样点的评分结果较差,推测原因如下:研究区处于干旱半干旱地区,地下水循环周期较长;这三个点位于矿区采空区附近,均为深度小于15 m的浅水井,水源来自第四系松散沉积物孔隙含水层。采动裂隙导致上覆地下水向下渗漏,地层含

水率下降，上覆地层的渗透能力与赋水能力提高。停止开采后水分重新分布，且含水量较之前有所增加，所以浅层地下水与岩石的溶滤作用加强。

表 3-6　地下水水化学组分各指标的评分等级

测试指标	评分等级	测试指标	评分等级
BN004	Ⅰ	DXS017	
007	Ⅱ	DXS053	Ⅰ
008	Ⅱ	006	Ⅱ
DXS026	Ⅱ	DXS010	Ⅲ
DXS008	Ⅰ	005	Ⅰ
DXS002	Ⅲ	bu-2	Ⅴ
DXS015	Ⅲ	bu-9	Ⅰ
BN002	Ⅲ	DXS	Ⅰ
DXS029	Ⅱ	DBS	Ⅰ
DXS003	Ⅲ	1-2	Ⅴ
ZDS002	Ⅳ	2-2	Ⅴ
DXS004	Ⅳ		

3.2.5　地下水组分特征源解析

通过对大气降水、江河水、湖泊水进行分析，将地表水体化学组分特征的成因分为三类，分别为岩石风化型、蒸发浓缩型和降水蒸发型。本书采用 Gibbs 图宏观反映地下水化学组分的控制因素，判断地下水化学组分的来源。地下水水样的 Gibbs 图如图 3-2 所示，由图 3-2 可以看出：流域的地下水 TDS 普遍较高，$Na^+/(Na^++Ca^{2+})$ 的比值介于 0~0.9；$Cl^-/(Cl^-+HCO_3^-)$ 的比值介于 0~0.5，大部分采样点位于浓缩蒸发与岩石风化控制带内，说明乌兰木伦河流域水化学组分特征主要受岩石风化作用和浓缩蒸发作用的控制。有少量采样点落到了区域外，这可能和人类活动有关。

研究区处于干旱半干旱地区，冬季寒冷，夏季高温，多大风天气，岩石的风化严重，年蒸发量是年降水量的 7 倍左右，Gibbs 图反映的情况与研究区气候、水文环境相吻合，同时也为下文 Piper 三线图分析地下水化学组分的来源提供了理论依据。

通过 Piper 三线图对水样进行分析（见图 3-3），可以更加深入地了解研究区地下水组分特征和控制单元。神东矿区浅水含水层的化学类型由较为简单的 $HCO_3^--Na^+$ 主导型，逐渐过渡为以 $HCO_3^-\cdot SO_4^{2-}-Na^+\cdot Ca^{2+}$ 为主导型，$Cl^--K^+\cdot Na^+$、$F^--K^+\cdot Na^+$ 等多种类型共同存在，分析结果如下：

（1）Na^+ 主要由盐岩水解生成，在采煤驱动作用下，溶滤作用加强，而浓缩蒸发和岩石风化作用又进一步提高了 Na^+ 浓度，并置换出一定量的 Ca^{2+}、Mg^{2+}。

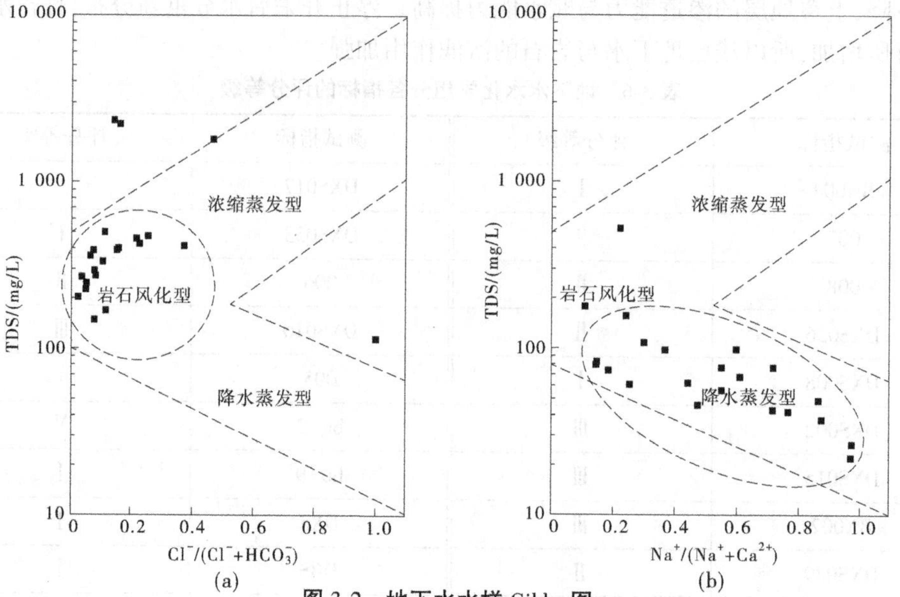

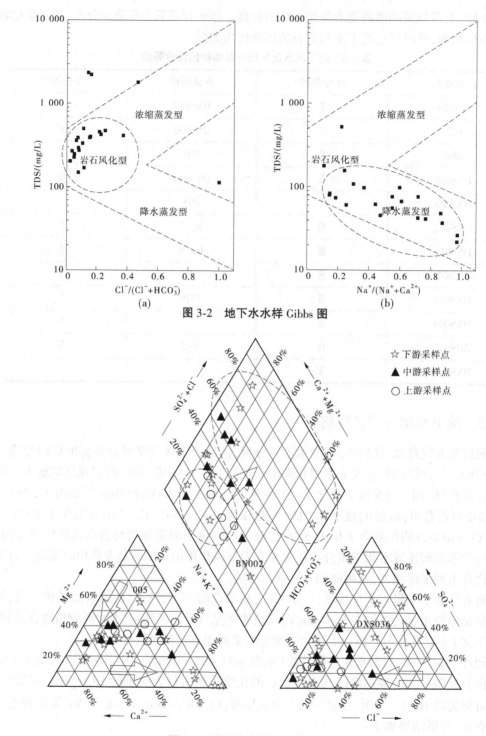

图 3-2　地下水水样 Gibbs 图

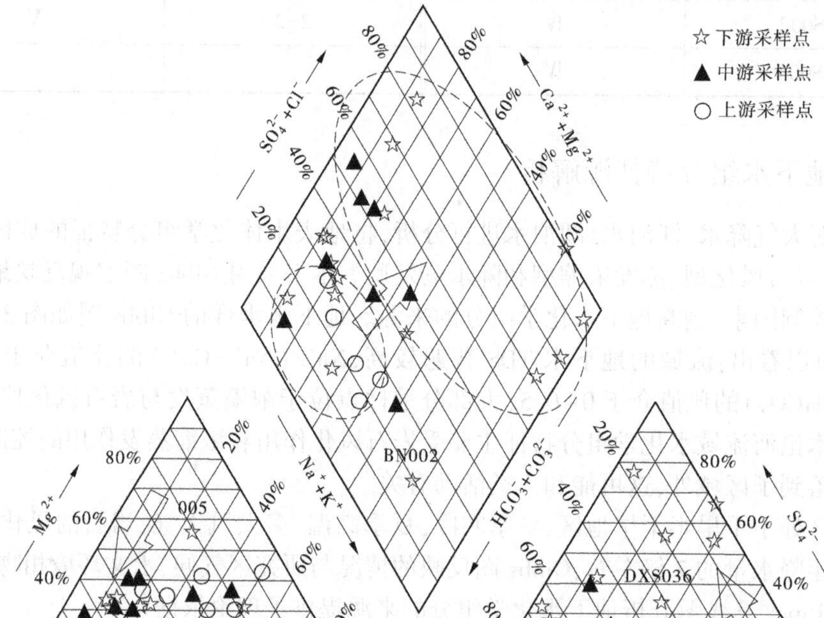

图 3-3　地下水水样 Piper 三线图

(2)广泛存在于自然界中的硫酸盐岩溶渗于水中后带来一定量的 Ca^{2+}、Na^{+}、Mg^{2+}、SO_4^{2-}，通常情况下，$MgSO_4$ 为石膏石的次生盐分。

(3)从矿区上游采样点到矿区下游采样点，地下水化学类型逐渐由重碳酸型向盐酸型转变，这是由于含水层颗粒自上而下逐渐由粗变细，地下水从受强烈的溶滤作用变化为蒸发浓缩作用。

3.2.6　地下水化学组分的空间分布特征

相关性分析研究地下水化学组分之间的相互关系和影响程度，从而判断地下水各组分的来源，通过对样品数据进行相关性分析，得到 10 项测试指标之间的相关性(见表 3-7)，由表 3-7 可知：TDS 浓度与 SO_4^{2-} 浓度相关性显著，说明 TDS 主要受到 SO_4^{2-} 影响；Cl^- 与 Na^+、K^+ 具有显著相关性，Ca^{2+} 与 Mg^{2+} 具有显著相关性，说明这两对离子具有一定同源性。

表 3-7　各测试指标之间的相关性

测试指标	Na^+	K^+	Mg^{2+}	Ca^{2+}	Cl^-	SO_4^{2-}	NO_3^-	CO_3^{2-}	HCO_3^-	TDS
Na^+	1									
K^+	0.894**	1								
Mg^{2+}	-0.219	-0.181	1							
Ca^{2+}	-0.168	-0.151	0.894**	1						
Cl^-	0.921**	0.758**	-0.068	-0.018	1					
SO_4^{2-}	0.003	0.007	0.003	0.001	0.002	1				
NO_3^-	0.407	0.45	0.975	0.431	0.443	-0.249	1			
CO_3^{2-}	0.166	0.148	0.22	0.561	0.174	0.444	-0.289	1		
HCO_3	0.879	0.488	0.011	0.192	0.951	0.302	0.33	-0.178	1	
TDS	0	0	0.059	0.039	0	0.950**	-0.198	0.397	0.312	1

注：** 表示在 0.01 级别(双尾检验)相关性显著。

对数据进行 KMO 检验和 Bartlett 球形度检验，通常认为 KMO 值大于 0.5 时，数据适合进行主成分分析。检验结果：KMO 检验值为 0.645，表明数据可以进行主成分分析；Bartlett 球形度检验自由度为 36，显著性水平为 0，表明各项化学组分具有一定的相关性，可以通过因子分析对数据进行降维，降维后得到的数据见表 3-8。通常认为主因子的累计方差贡献率大于 80%，则对整体数据具有较可靠的代表性，由表 3-8 可知：主因子 F_1、F_2、F_3 的累计方差贡献率为 82.799%，提取主因子 F_1、F_2、F_3 来表示研究区地下水化学组分的富集情况是合理的。

表 3-8　因子初始特征值和方差

主因子	初始特征值			提取载荷平方和		
	总计	方差百分比/%	累计方差贡献率/%	总计	方差百分比/%	累计方差贡献率/%
F_1	5.533	50.298	50.298	5.533	50.298	50.298
F_2	2.088	18.982	69.280	2.088	18.982	69.280
F_3	1.487	13.519	82.799	1.487	13.519	82.799
F_4	0.766	6.960	89.759			
F_5	0.524	4.763	94.522			
F_6	0.354	3.222	97.744			
F_7	0.151	1.374	99.118			
F_8	0.082	0.746	99.864			
F_9	0.014	0.123	99.987			
F_{10}	0.001	0.013	100.000			
F_{11}	4.478×10^{-16}	4.071×10^{-15}	100.000			

为凸显地下水化学组分的富集情况，可通过因子得分矩阵（见表 3-9）来分析主因子 F_1、F_2、F_3 的组分特征，将因子载荷大于 0.5 的因子作为主要关联因子。由表 3-9 可知：主因子 F_1 的主要关联因子为 Na^+、K^+、Cl^-、SO_4^{2-}，主因子 F_2 的主要关联因子为 Mg^{2+}、NO_3^-、HCO_3^-，主因子 F_3 的主要关联因子为 Ca^{2+}、CO_3^{2-}、TDS。

表 3-9　因子得分矩阵

测试指标	主因子		
	F_1	F_2	F_3
Na^+	0.966	0.173	0.145
K^+	0.847	0.241	0.304
Mg^{2+}	-0.593	0.637	0.220
Ca^{2+}	-0.572	-0.442	0.611
Cl^-	0.890	0.204	0.213
SO_4^{2-}	0.932	0.147	0.277
NO_3^-	-0.360	0.641	0.082
CO_3^{2-}	0.404	-0.324	0.660
HCO_3^{2-}	-0.039	0.882	0.079
TDS	-0.759	0.002	0.588

为了进一步阐明地下水不同化学组分的空间分布规律，将 3 个主因子中主要关联因子的得分作为权重，与改进的内梅罗指数法所得的评分进行加权平均，再利用 ArcGIS 对计算结果进行 IDW 线性插值，得到 3 个主因子在研究区的污染指数分布情况，见图 3-4～图 3-6。

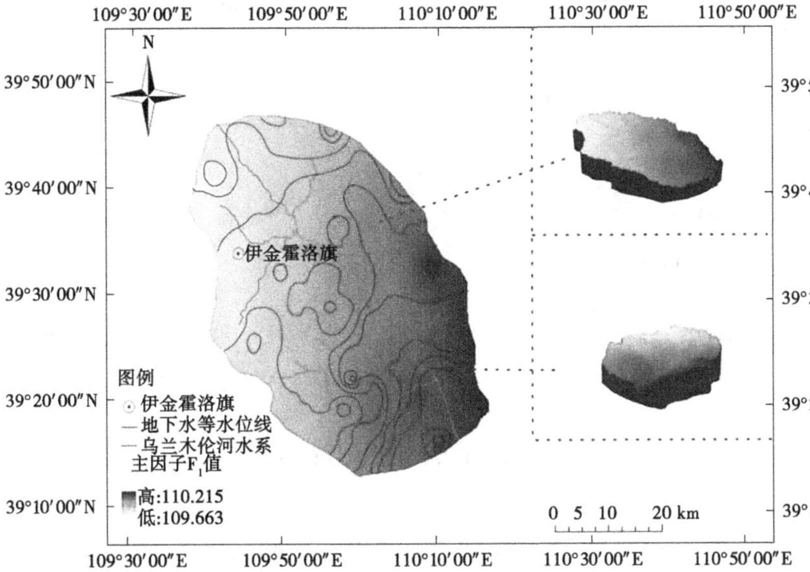

图 3-4　主因子 F_1 污染指数分布情况

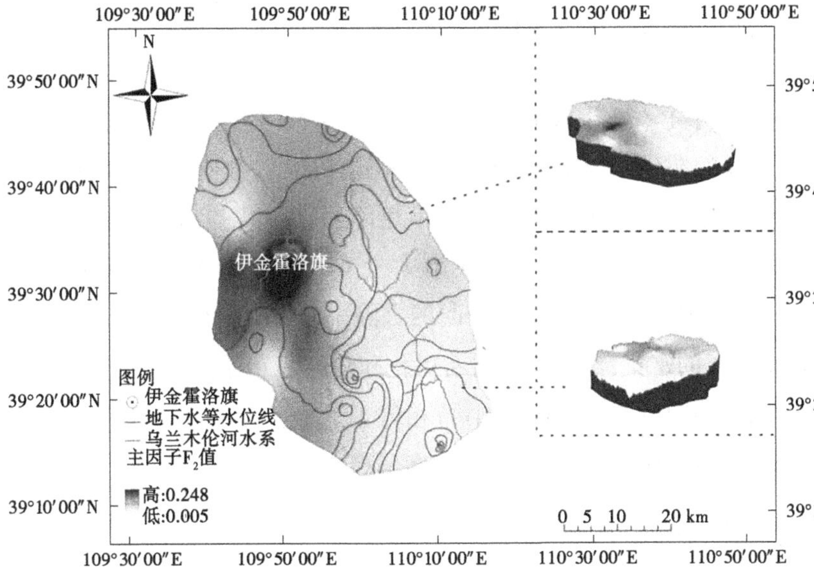

图 3-5　主因子 F_2 污染指数分布情况

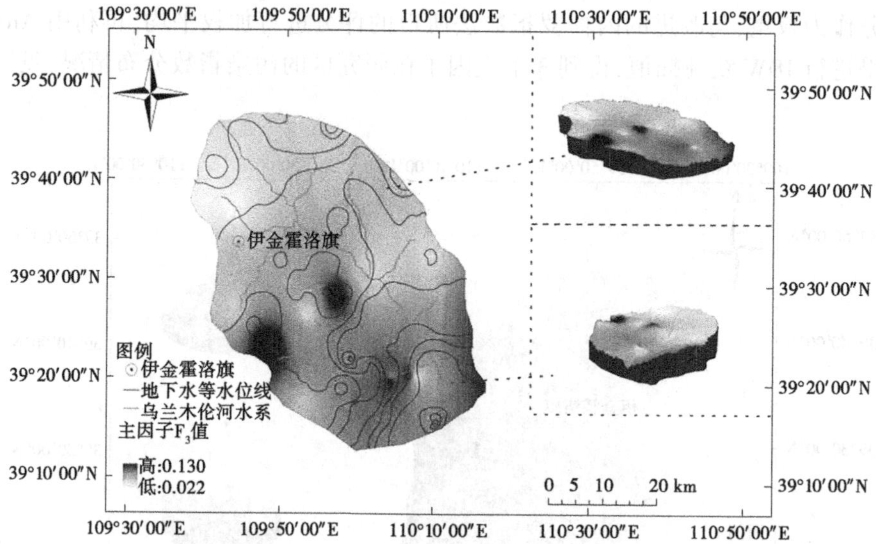

图 3-6　主因子 F_3 污染指数分布情况

图 3-4 表明：主因子 F_1（Na^+、K^+、Cl^-、SO_4^{2-}）与 Na^+的相关性最大，以 Na^+为主导在神东矿区广泛富集，且呈现出从矿区上游到矿区下游逐渐递增的趋势。导致这种情况可能的原因是：河流两岸聚集着大量煤矿，矿区的采煤疏干作用加剧了地下水与岩石的溶滤作用；采煤驱动作用下，煤层顶板上覆含水层整体向下沉降，上覆岩层发生破裂，打破了原有的水岩平衡条件，地下水流经这些裂隙时，钠长石、伊利石、高岭石等矿物中 Na^+ 发生溶解。

图 3-5 表明：主因子 F_2（Mg^{2+}、NO_3^-、HCO_3^-）主要富集在河流西岸，推测其原因是：富集区域为神东矿区下属的布尔台煤矿采空区，采煤驱动作用下，上覆含水层的地质结构发生变异，产生大量张拉裂隙，且在重力作用下向下塌陷，从而加剧溶滤作用。Na^+在流经该区域时，从含 Ca^{2+}、Mg^{2+} 的矿物中竞争置换出大量 Ca^{2+}、Mg^{2+}，而 Ca^{2+} 又被较高浓度的 Na^+、HCO_3^- 去除（前人研究表明 HCO_3^- 对 Ca^{2+}的去除率是 Cl^-、SO_4^{2-} 的 2 倍以上），最终表现为 Mg^{2+}、NO_3^-、HCO_3^- 的富集；其次受到岩石风化和浓缩蒸发等自然作用的影响。

图 3-6 表明：主因子 F_3（Ca^{2+}、CO_3^{2-}、TDS）相较于 F_1、F_2 含量较高。这说明主因子 F_3 在神东矿区流域长期稳定存在，且整体的矿化度偏高。

3.2.7　地下水成因分析

离子比分析法可以反映出地下水化学组分的来源和成因，$Cl^-/(Na^++K^+)$的毫克当量比大于 1 时表示发生岩盐的溶解，小于 1 时表示硅酸盐岩的溶解。由图 3-7（a）可知：研究区地下水的大部分 Na^+和 Cl^-来自岩盐溶解。我国岩盐主要产于白垩系、三叠系、第三系,这也符合研究区含水层包含白垩系直罗组含水层的实际情况。

$(HCO_3^- + SO_4^{2-})/(Ca^{2+} + Mg^{2+})$的毫克当量比值大于1时表示$Ca^{2+}$、$Mg^{2+}$主要来源于碳酸盐岩的溶解,小于1时表示主要来源于硅酸盐岩的溶解。由图3-7(b)可知:采样点部分分布在1:1等值线下方,说明该地下水的Ca^{2+}、Mg^{2+}来源于石英石、长石等硅酸盐岩的溶解,或受到阳离子吸附作用的影响。另一部分点位于等值线上方,该水样离子来源于泥灰岩、白云岩等碳酸盐岩的溶解。位于等值线附近的点存在硫酸盐岩和碳酸盐岩的溶解。

$(SO_4^{2-} + Cl^-)/HCO_3^-$的毫克当量比值大于1时表示地下水中的$SO_4^{2-}$、$Cl^-$来自盐岩溶解,小于1时表示$HCO_3^-$来自碳酸盐岩溶解。由图3-7(c)可知:研究区地下水中的HCO_3^-主要来自于碳酸盐的溶解。

$[(Ca^{2+} + Mg^{2+}) - (SO_4^{2-} + HCO_3^-)]/(Na^+ + Cl^-)$的毫克当量比值通常反映研究区地下水阳离子是否发生了置换作用。呈负相关时,表示发生阳离子置换作用,反之不发生。由图3-7(d)可知:存在阳离子置换作用,在盐岩溶解过程中,Ca^{2+}、Mg^{2+}的浓度随着Na^+的浓度增高而降低。

NO_3^-/Cl^-的毫克当量比值通常用来反映地下水中硝酸盐的来源,二者呈正相关时,说明硝酸盐主要来源于农业生产;当二者呈负相关时,说明硝酸盐主要来源于生活用水和人畜粪便。由图3-7(e)可知:二者呈负相关,由此判断研究区地下水的硝酸盐主要来源于生活用水和人畜粪便。

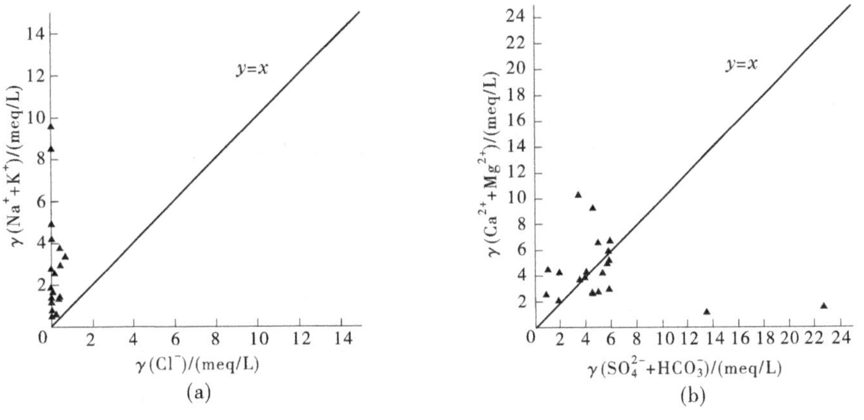

图3-7 地下水成因分析

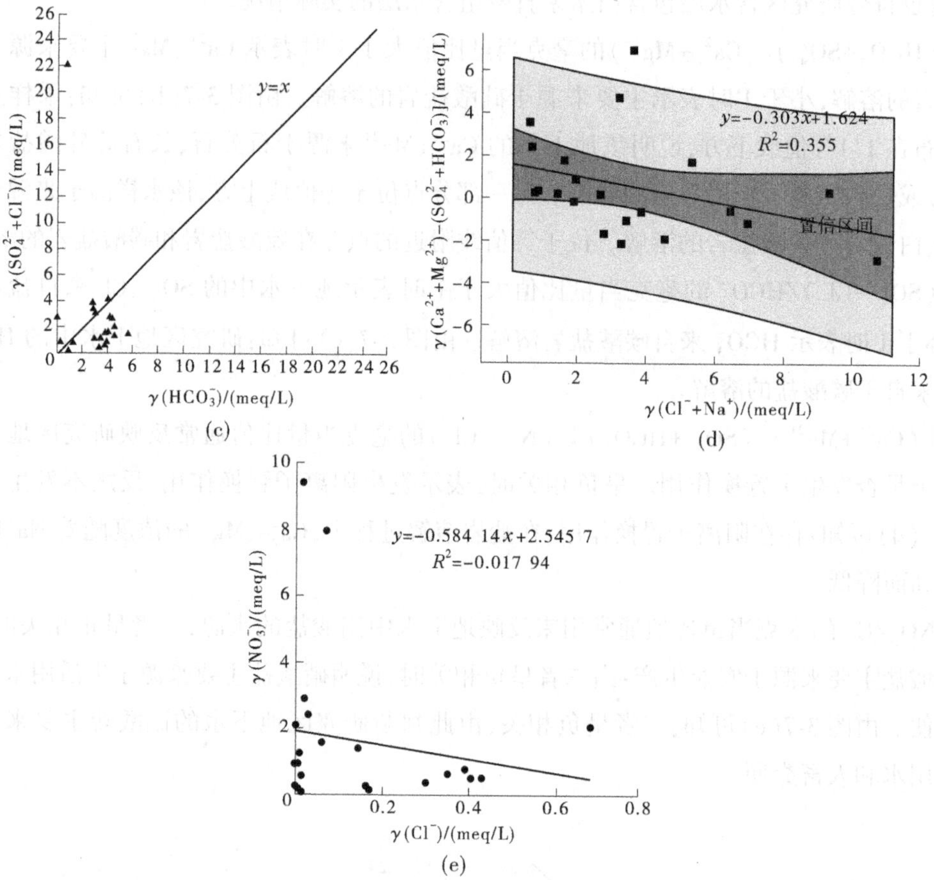

续图 3-7

3.3 采煤驱动影响地层结构变异机制

3.3.1 数据分析与处理

使用 spss25 对各含水层所采集的水样进行数理分析；通过 Aq · QA 绘制不同含水层 Piper 三线图，判断地下水化学主导类型，通过 Schoeller 图判断各含水层离子置换情况与微量元素的存在情况；通过 Durov 图判断地下水整体情况；使用 Origin 2019 绘制微量元素柱状图；使用 CorelDRAW X7 制作识别图版。

3.3.2 常规离子分析

由图 3-8 可以看出：地表水中 Na^+、K^+、SO_4^{2-}、Cl^- 富集，其中 SO_4^{2-}、Na^+ 占比达 70%以上，地下水化学特征以 Na^+、SO_4^{2-} 为主导，舒卡列夫分类为 $SO_4^{2-} \cdot Cl^--Na^+$ 型水；第四系含水层中 Na^+、K^+、Ca^{2+}、Mg^{2+}、SO_4^{2-}、Cl^- 富集，其中 Na^+、K^+ 有所下降，Ca^{2+}、Mg^{2+} 浓度开始上升至 22%左右，略少于 Na^+、K^+ 的 26%，依旧以 Na^+、SO_4^{2-} 为主导，舒卡列夫分类为

SO_4^{2-} · Cl^-–Na^+与 SO_4^{2-} · Cl^-–Ca^{2+}型水。地表水与第四系孔隙水在 Piper 三线图中水化学特征相一致，另外，地表水中占比较低的化学组分在第四系孔隙水中占比逐渐增大，说明研究区的地下水主要为大气降水补给，降水入渗后，逐渐与周围岩石发生溶滤作用和阳离子交换吸附作用，导致 Na^+、K^+浓度降低而 Ca^{2+}、Mg^{2+}浓度升高，这也符合前人通过同位素对第四系含水层测龄结果与数值较高的验证结果。

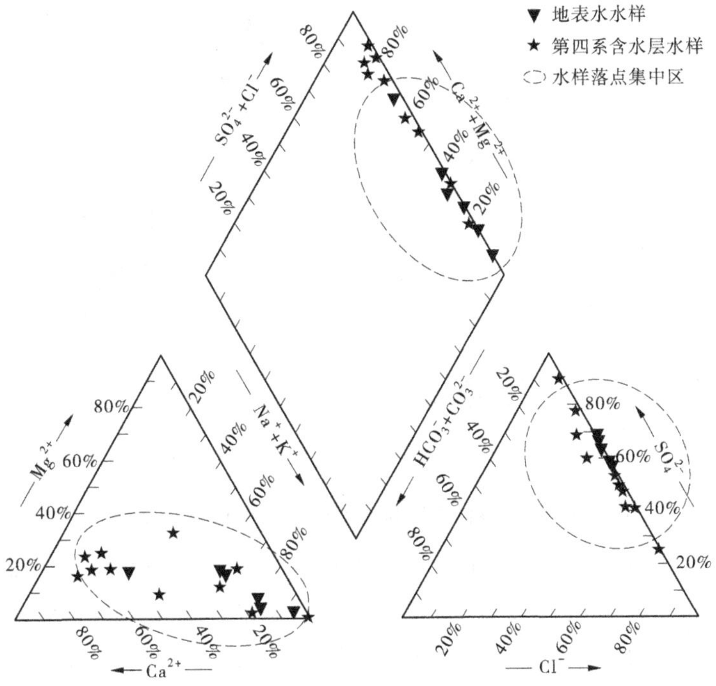

图 3-8　地表水与第四系含水层 Piper 三线图

由图 3-9 可知：直罗组含水层较第四系含水层的采样点中的 SO_4^{2-} 浓度高且数值较为稳定，HCO_3^-、Mg^{2+}浓度增高，而 Cl^-浓度降低，且降幅较大，地下水化学类型为 Na^+–SO_4^{2-} 主导型，舒卡列夫分类主要为 SO_4^{2-} · Cl^-–Na^+与 SO_4^{2-}–Na^+型水，两个含水层的水化学特征具有相同的趋势。考虑到第四系含水层与直罗组含水层之间的隔水层为粉砂岩与粉泥质砂岩，具有较好的隔水性，所以这两层含水层本应属于两个相对独立的含水系统，但直罗组地层受风化侵蚀作用，导致地层厚度不一，东部剥蚀严重，逐渐向西部增厚，最厚处可达 160 m 左右。所以，含水的砂岩岩层厚度变化较大，在东部边缘存在尖灭现象，且上部裂隙较为发育，导致第四系含水层与直罗组地层存在明显的水力联系。

延安组为研究区主要含煤地层，可细化为延安组混合含水层（埋深位于 120~200 m）与延安组深层含水层（埋深位于 200~300 m），由图 3-10 可知：延安组含水层整体上表现出与直罗组含水层较大的差异，具有较高的 SO_4^{2-} 与 HCO_3^- 浓度，同时 Cl^-浓度大幅下降，地下水化学类型为 HCO_3^-–Ca^{2+}主导型，舒卡列夫分类为 SO_4^{2-} · Cl^-–Na^+型水，在 Piper 三线图中延安组 2 号、3 号水样依旧与直罗组含水层落点具有较强的关联性，但延安组 1、4、

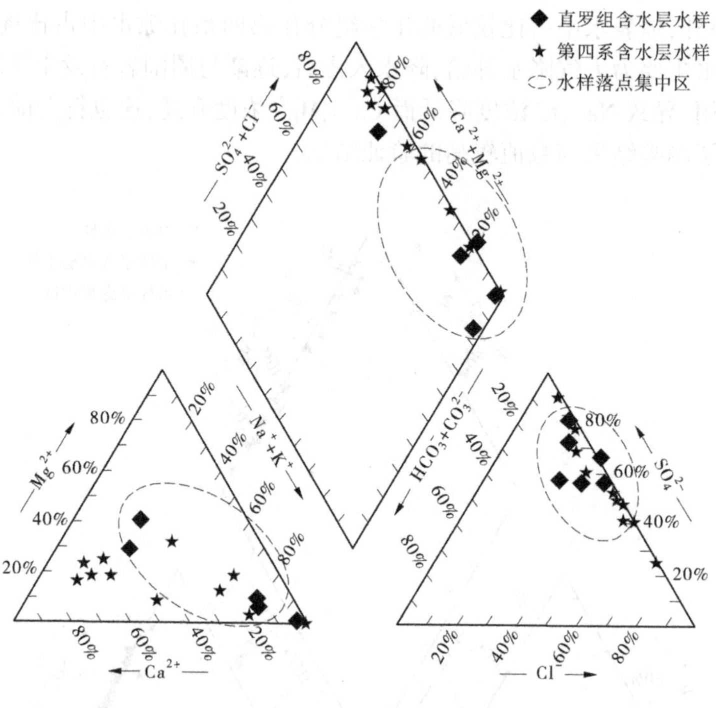

图 3-9 第四系含水层与直罗组含水层 Piper 三线图

5、6 号水样的落点相对独立于直罗组含水层落点，推测出现这种情况的可能是：采煤驱动作用下 1-2 煤层上覆岩层裂隙发育，直罗组含水层中的地下水渗入延安组，导致延安组混合含水层的地下水化学组分变得更为复杂，但 2-2 煤层位于 1-2 煤层下方 40~60 m，天然隔水层受采煤扰动较小，深层含水层的独立性较好，所以水化学特征与直罗组含水层的差异性更为显著。综上所述，直罗组含水层与延安组含水层（分为延安组混合含水层、延安组深层含水层）水力联系尚不明确，将通过微量元素进一步判断。

3.3.3 微量离子分析

NO_3^- 的变化趋势分析如图 3-11 所示，对采集样品进行微量元素监测，大多数微量元素浓度极少或不能检出，结合本次测试所测项目，选取 NO_3^- 和 F^- 作为参考元素进行分析，通过图 3-11 可以看出，在地表采样点所采水样的 NO_3^- 浓度较为稳定，但在第四系含水层浓度开始升高，在直罗组含水层中浓度逐渐降低，在延安组含水层浓度进一步降低。采空区地表大面积种植了乔灌木，参考前人的研究成果并结合研究区实际情况，推测第四系含水层 NO_3^- 浓度增高的原因为：生活区、工业区排放废水和人工植被与农作物施用氮肥；在直罗组、延安组含水层中浓度逐渐降低的原因可能为：NO_3^- 在密闭缺氧的环境下发生反硝化作用。

F^- 的变化趋势分析如图 3-11 所示，F^- 浓度在 DBU2 点数值较大，DBU2 点所在位置西北 600 m 处为露天矿堆渣场，采样时间为 2020 年 8 月 27 日，正值当地雨季，且在 8 月 25

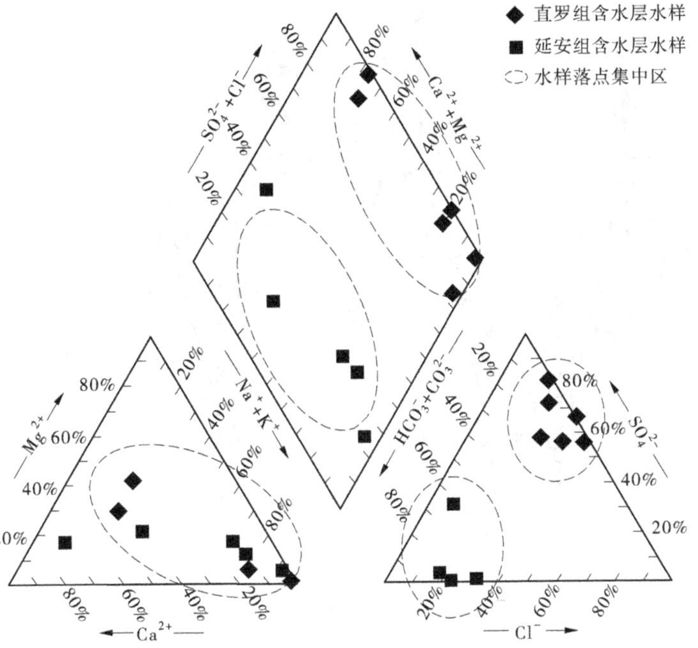

图 3-10　直罗组含水层与延安组含水层 Piper 三线图

日降水历时 12 h 以上，推测出现数值增大的原因可能为风化后的煤矸石经长时间的雨水淋滤，使其含有的微量元素析出，随地表径流汇入季节性河流。

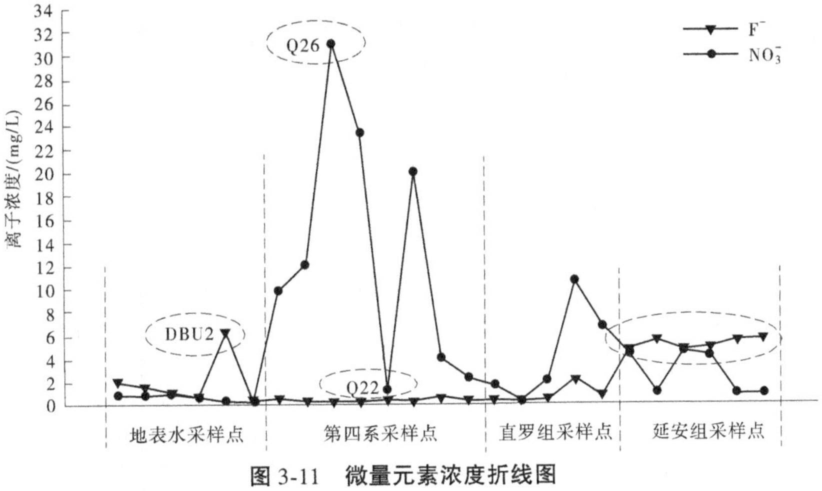

图 3-11　微量元素浓度折线图

直罗组含水层在进入延安组含水层后，F^-浓度明显上升，可能有两个原因：①延安组含水层为矿区的主要采煤层，岩层内富含有机矿物，与地下水发生溶滤作用后，导致 F^-浓度升高；②少量 F^-会与 Ca^{2+}反应生成极难溶于水的 CaF_2(也称萤石)后达到水岩平衡(如图 3-12 所示)，所以 F^-易随水体迁移。

由图 3-12 可见：延安组含水层中，F^-出现逐层递增趋势，且浓度最高，Na^++K^+浓度也高于上覆含水层，如果延安组含水层中存在易溶于水的 Ca^{2+}盐，那么将与 Na^++K^+发生置

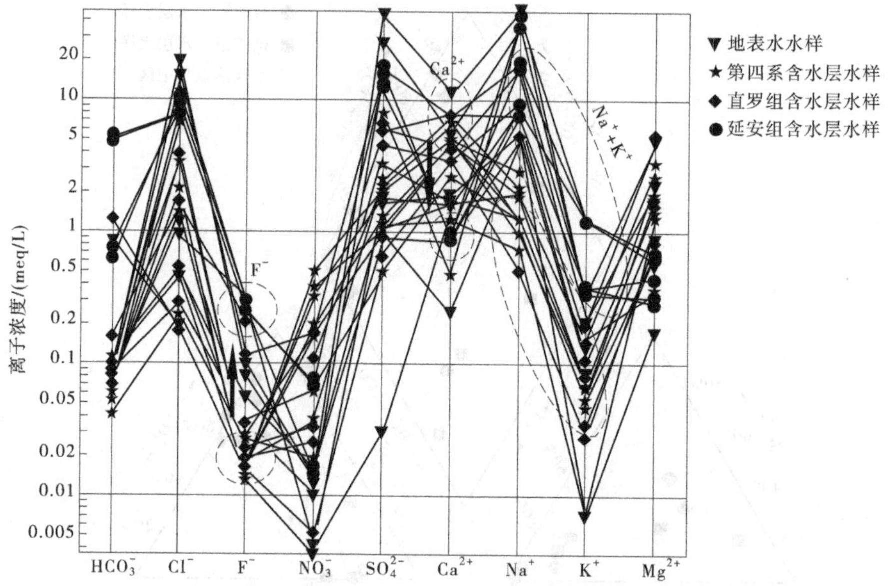

图 3-12　各化学组分 Scholler 图

换反应，同时与 F^- 反应生产 CaF_2，但 F^- 在延安组依旧处于高位状态。F^- 随垂向补给在延安组中富集，说明直罗组含水层与延安组含水层存在水力联系。

长时间的采动作用会导致以下结果：①上覆岩层的裂隙发育，裂隙连通性增强；②局部第四系孔隙水会通过裂隙向下层含水层进行补给；③随着降落漏斗的增大，疏干速度逐渐加快，上层水体在裂隙中渗流的同时产生更大的接触面积，会溶解更多的 F^-，并带入到下层含水层中，而延安组主要组成矿物有萤石，所以 F^- 不易与其他离子发生反应，导致延安组 F^- 浓度增高（如图 3-13 所示）。

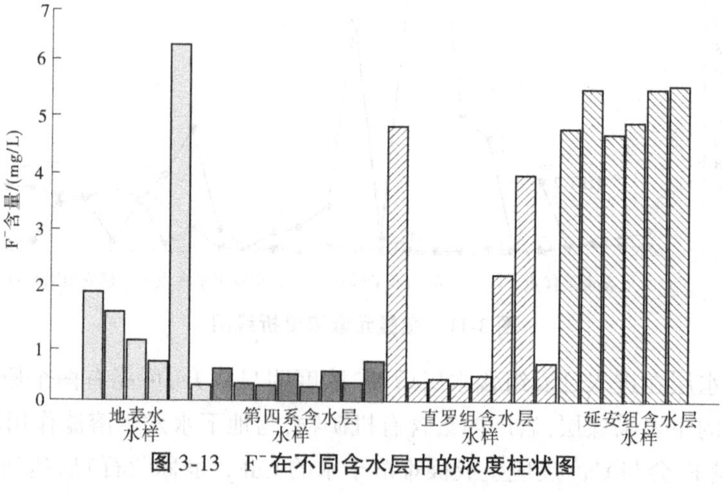

图 3-13　F^- 在不同含水层中的浓度柱状图

综上所述，第四系孔隙水与直罗组裂隙水的微量元素含量相近，说明第四系含水层与直罗组含水层存在水力联系。直罗组裂隙水与延安组混合水在变化趋势上整体相近，存在一定的水力联系。但直罗组与延安组深层水的相似性较低。两者是否存在水力联系尚不明确，下文将通过同位素对其进一步研究。

3.3.4 氘氧同位素分析

氘(D)氧元素作为水分子的构成元素，在水化学行为研究上有着不可替代的作用，不同地区、不同环境、不同水体下，氘氧同位素之间往往具有较大的差别，但在各个地区都有与之环境、气候相对应的降水线。

本书以标准海洋水(SMOW)的千分差表示所采水样的氘氧值：

$$\delta_{\frac{S}{R}}(\text{‰}) = \left(\frac{R_{\text{sample}}}{R_{\text{reference}}} - 1\right) \times 1\ 000 \tag{3-6}$$

式中　R_{sample}——水样中实测氧同位素比率($^{18}O/^{16}O$)；

$R_{\text{reference}}$——标准平均海洋水(V-SMOW)中实测氧同位素比率($^{18}O/^{16}O$)。

以鄂尔多斯市的氘氧同位素数据建立当地大气降水线方程(LMWL)为：

$$\delta D = 6.5\delta^{18}O - 4.2 \tag{3-7}$$

以乌兰木伦河及其季节性支流所采水样的氘氧值计算当地河流蒸发线方程(EL)与第四系含水层蒸发线方程为：

$$\delta D = 3.85\delta^{18}O - 32.21 \tag{3-8}$$

$$\delta D = 4.76\delta^{18}O - 23.41 \tag{3-9}$$

通过克雷格温度效应公式进行误差验证：

$$\delta^{18}O = 0.695t(℃) - 13.6(\text{‰}) \tag{3-10}$$

$$\delta D = 5.6t(℃) - 100(\text{‰}) \tag{3-11}$$

t 为当地平均气温，研究区平均气温 6.2 ℃，将 t 代入式(3-10)、式(3-11)中，得到 $\delta^{18}O=-9.291$、$\delta D=65.28$，将 $\delta^{18}O=-9.21$ 代入式(3-8)，得 $\delta D=67.42$，与通过式(3-11)得到的 $\delta D=65.28$ 误差仅为 2.14‰，说明式(3-7)可以代表研究区降水线。

由图 3-14 可以看出，在研究区内，渗入水与地下水充分混合后，有 28 例样品值仍位于当地大气降水线右下方，δD、$\delta^{18}O$ 沿当地大气降水线呈线性分布，说明研究区地下水的主要补给来源为大气降水入渗补给，但第四系含水层部分水样偏离降水线，出现 $\delta^{18}O$ 漂移现象，推测异常水样点可能受到蒸发，其中地表水采样点的水样 δD 值普遍较小，均处于 δD 偏重端，说明地表水与空气接触较多。第四系含水层水样的 δD 则普遍小于地表水，但高于直罗组与延安组水样，这也符合第四系含水层为较年轻地层的实际情况。地表水水样与第四系含水层水样的 δD、$\delta^{18}O$ 分布范围相互重叠，反映了大气降水入渗补给的过程。

第四系含水层水样与直罗组含水层水样的落点相互重叠，说明两者间具有一定的水力联系，部分水样的落点接近重合，说明两者间可能存在垂向补给关系，进一步证明了直罗组含水层与第四系含水层和地表水之间存在水力联系。

直罗组混合水与第四系含水层部分水样的落点相近，且具有相似的线性关系，但直罗组深层含水层水样的落点相对独立，推测原因为：延安组深层含水层贮水条件更为封闭，且上层含水层影响时间较短，导致这三例水样与上覆含水层的联系较小，同时也说明了延安组深层含水层与直罗组含水层不存在显著联系。

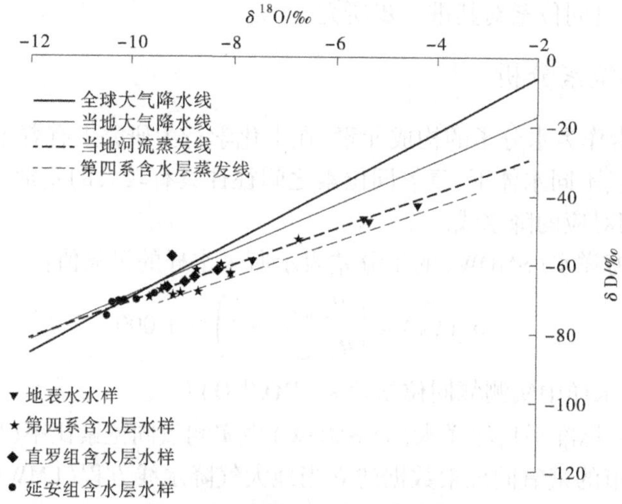

图 3-14　样品 δD、$\delta^{18}O$ 关系图

3.3.5　元素分析

氚元素的更新周期要慢于氘元素，借此可以测定氚元素来判断水体的形成年代，第四系含水层水样中氚的浓度值介于 12.4～22.5 TU，均值为 17.1 TU，说明第四系含水层所含地下水均来自现代大气降水；直罗组含水层水样（埋深位于 20～120 m）介于 6.3～22.4 TU，均值为 14.1 TU，在数值上略小于第四系含水层，说明直罗组含水层所含地下水为次现代-近代混合补给水；延安组含水层水样介于 4.3～18.6 TU，均值为 11.4 TU，在数值上小于第四系含水层与直罗组含水层，数值偏大的水样位于延安组混合含水层（埋深小于 150 m），受采动作用的强烈影响，上覆含水层与延安组含水层之间产生导通裂隙，导致数值偏大，所含地下水为次现代-近代混合地下水。

图 3-15 为 ^3H 含量柱状图，由图 3-15 可以看出：数值偏小的水样位于延安组深层地下水含水层，处于相对封闭的状态，与上覆含水层的水力联系较小，所含地下水主要为次现代补给水，混入少量现代降水。

综上所述，研究区地下水的主要补给来源为大气降水，在长期采动作用下，延安组上覆含水层原有裂隙进一步发育，最终变为导通裂隙，与直罗组含水层发生水力联系；在乌兰木伦河沿岸地区，由于煤层埋深较浅，采空区冒落带的影响可以直达地表，贯穿第四系、直罗组和延安组浅层含水层，最终导致三者具有水力联系。

3.3.6　化学特征识别图版

本次共从地表水与 3 层不同含水层中采集 29 例水样，通过分析常规元素、微量元素、氘氧同位素与氚同位素对 3 个含水层之间的水力联系进行判断，初步认为：第四系含水层与直罗组含水层之间存在明确的水力联系；直罗组含水层与延安组混合含水层存在一定的水力联系；直罗组含水层与延安组深层含水层部分存在水力联系，但联系较弱。通过多种手段建立不同含水层识别图版，可以帮助当地及类似矿区在矿井突水时快速鉴别突水水源。

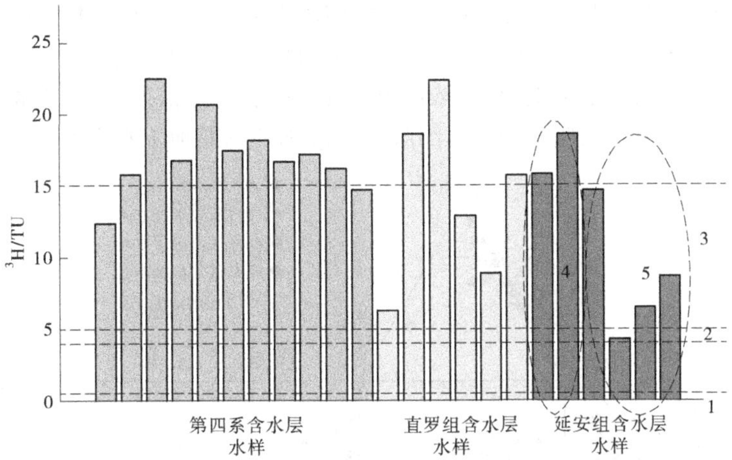

1—古水;2—现代-次现代混合补给水;3—现代补给水;4—延安组浅层地下水;5—延安组深层地下水。

图 3-15　^{3}H 含量柱状图

通过上述常规离子分析可以看出,3 个含水层之间存在一定差异,造成这种差异的主要原因是不同含水层的岩性不同,导致地下水与其相互作用产生不同的结果。差异主要反映在 HCO_3^-、Mg^{2+}、Cl^-、SO_4^{2-}、Ca^{2+}、Na^+、K^+浓度的变化上。建立地表水、第四系含水层、直罗组含水层、延安组含水层的两两比对 Piper 三线图(见图 3-16),分析后得出:地表水主要集中在 $Cl^- - SO_4^{2-} - HCO_3^-$ 三角形的 SO_4^{2-} 端;直罗组含水层主要集中在 $Mg^{2+}-Ca^{2+}-Na^++K^+$ 三角形的 Na^++K^+端;判断过程主要由 $Cl^- - SO_4^{2-} - HCO_3^-$ 三角形和 $Mg^{2+}-Ca^{2+}-Na^++K^+$ 三角形完成。

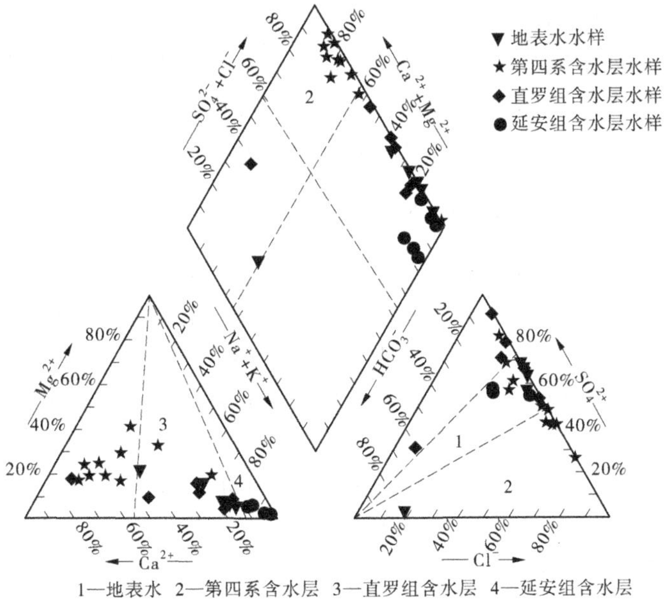

1—地表水　2—第四系含水层　3—直罗组含水层　4—延安组含水层

图 3-16　Piper 三线图识别图版

图 3-17 为 Durov 识别图版，通过 Durov 识别图版可以看出：水体整体呈弱碱性，Cl^- 浓度偏高，水体矿化度整体偏高。一般情况下，高 TDS、低 Ca^{2+} 环境为高 F^- 的生成条件。但对于延安组含水层，高 TDS 的同时，Ca^{2+} 浓度并不低，F^- 浓度却依旧较高，判断 F^- 有多个来源。同时查看 Piper 识别图版与 Durov 图版可更准确地判断地下水来源。

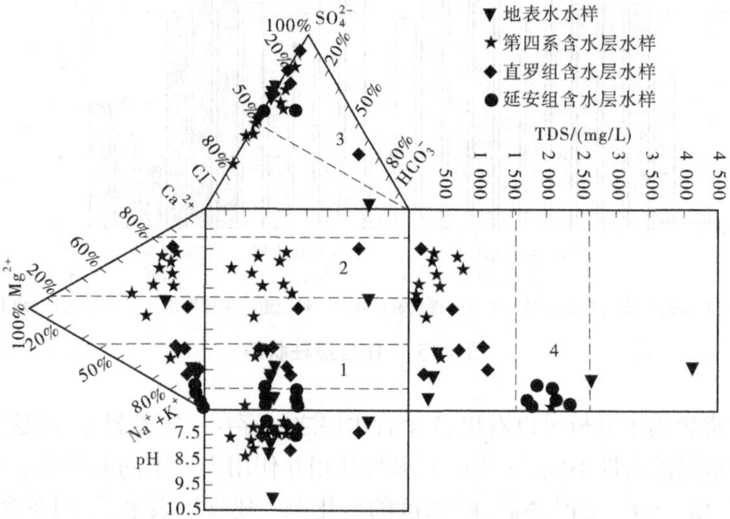

1—地表水；2—第四系含水层；3—直罗组含水层；4—延安组含水层。

图 3-17　Durov 识别图版

图 3-18 为氘氧同位素识别图版，由氘氧同位素识别版图可以看出：地表水的 δD、$\delta^{18}O$ 值最大，处于偏重端；第四系含水层 δD、$\delta^{18}O$ 值略小于地表水，且落点较分散，在地表水、直罗组、延安组水样的落点集中区均有存在，说明部分第四系含水层水体通过裂隙出露汇入地表水；直罗组含水层 δD、$\delta^{18}O$ 值略小于第四系含水层；延安组含水层 δD、$\delta^{18}O$ 值最小，且明显处于偏轻端，该图版可清晰快速地辨别水源是否来自延安组含水层。

3.3.7　采动对“三带”的影响机制

矿区为井工开采矿，在开采过程中，采煤采空区会导致上覆岩层发生弯曲变形以致破裂，采空区上覆岩层产生的位移与破坏被自上而下分为 3 个部分，分别为冒落带、导水裂隙带与弯曲沉降带（称为“三带”），其中，导水裂隙带随着上覆岩层的变形，内部裂隙逐渐增大，可能会使煤层与上覆含水层产生一定程度的水力联系，上覆含水层所含地下水沿导水裂隙下渗，最终导致上覆含水层地下水水位不断下降，随着采掘面的不断推进，裂隙导水强度随之增大，矿坑排水量也会增大，会造成以矿区为中心的降落漏斗，影响地下水流场。

由于研究区煤层倾角小于 15°，工作面煤层稳定，上覆岩层岩性以细粒砂岩、粉砂岩为主，其次为中粒砂岩及泥岩，呈互层结构体。砂岩多为泥质胶结，部分层段为钙质胶结，属于中硬岩类，煤层厚度 5.9~7.8 m，平均厚度 6.6 m。计算公式如下：

$$H_m = \frac{100\sum M}{4.7\sum M + 19} \pm 2.2 \tag{3-12}$$

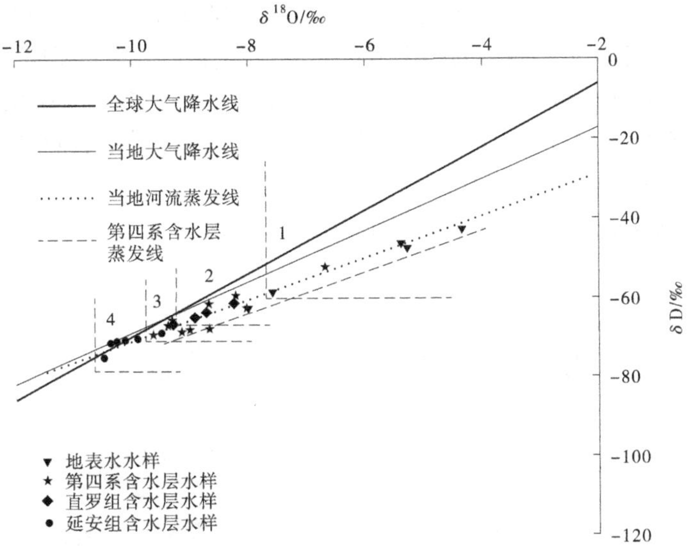

1—地表水;2—第四系含水层;3—直罗组含水层;4—延安组含水层。

图 3-18　氘氧同位素识别图版

$$H_{1i}=\frac{100\sum M}{1.6\sum M+3.6}\pm 5.6 \tag{3-13}$$

或

$$H_{1i}=20\sqrt{\sum M+10} \tag{3-14}$$

式中　$\sum M$——煤层累计开采厚度;

H_{1i}——导水裂隙带最大高度;

H_m——冒落带高度。

2-2 煤组与 1-2 煤组采空区间距为 22.2~44.2 m,与上覆直罗组裂隙含水层的间距为 50 m 左右,用式(3-12)~式(3-14)计算出冒落带与导水裂隙带的高度,计算结果如表 3-10 所示。通过与计算值进行对比可知,上覆 1-2 煤组采空区、直罗组含水层以及煤系地层裂隙含水层均在导水裂缝带波及范围内。

表 3-10　冒落带与导水裂隙带高度

参数	导水裂隙带		冒落带	
	高度/m	采裂比	高度/m	冒采比
最大值	146.9±5.6	31.93~34.98	20.7±2.2	3.88~4.48
最小值	113.1±5.6		18.1±2.2	
平均值	145.5		17.2	

根据研究区钻孔资料与地质报告,计算各含水层底板高程与各含水层高度,根据表 3-10 计算得出的导水裂隙带可达到的高程,将第四系含水层底板的高程与导水裂隙带可达到的高程相减得到二者差值,二者差值大于 0,则说明该区域未被导水裂隙带贯通;二者差值小于 0,则说明该区域含水层被导水裂隙带贯通。将计算结果使用反距离权重法在数值上进行插值后,通过 Gird 在空间上进行表现:按照导水裂隙带的最小发育程度

进行计算,计算结果如图 3-19 所示,鉴于保守估计,在研究区范围内存在部分小面积区域导水裂隙带与第四系含水层底板的距离为负值的情况,即导水裂隙带已进入第四系地层中,可能在研究区地表形成“天窗”,在持续采动作用下,有可能造成第四系含水层水位的持续降低,受影响面积约占研究区总面积的 5%,其他区域的导水裂隙带高度均小于第四系含水层底板的高度。

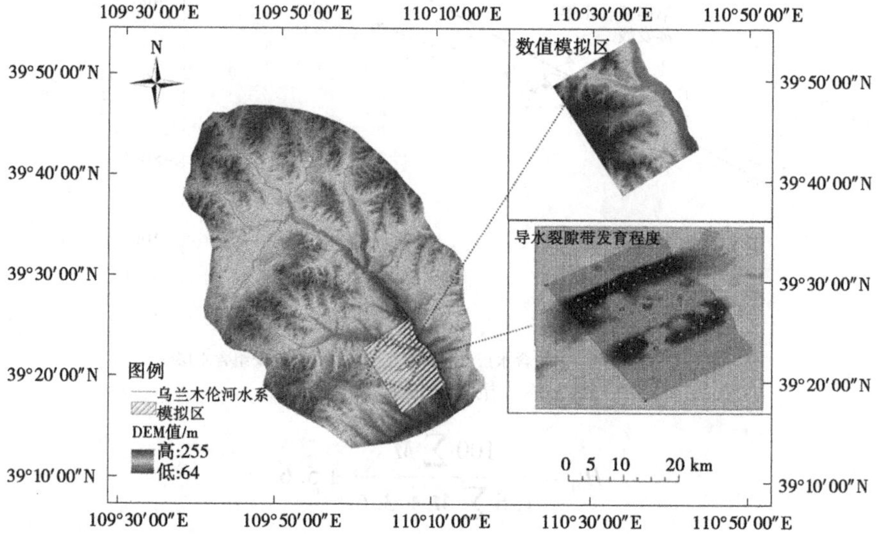

图 3-19　导水裂隙带最小发育程度

按照导水裂隙带最大发育程度进行计算,计算结果如图 3-20 所示,由图 3-20 可知:导水裂隙带最大发育程度的存在范围较最小发育程度的存在范围显著扩大,存在面积约为研究区总面积的 11%,在这种情况下,持续开采产生新的导水裂隙,同时原有导水裂隙不断扩大,导致含水层之间存在水力联系。

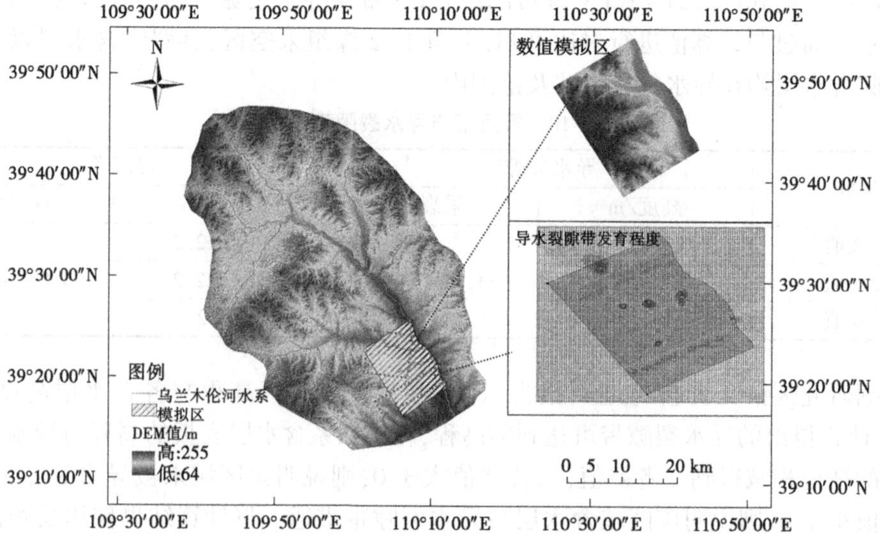

图 3-20　导水裂隙带最大发育程度

3.4　采煤疏干影响范围

在采煤掘进过程中，为防止顶板突水事故发生，需将一定范围内采煤地层地下水进行疏干，形成干燥的采掘面，便于采煤工作开展，这个过程称为采煤疏干。采煤疏干会导致含煤地层地下水水位显著下降，并形成以矿井为中心的降落漏斗，而含煤地层含水层内所含地下水也会逐渐由承压水过渡为半承压水，最终变为无压水，进而改变地下水流场原有的补给、排泄、径流条件，使矿区周边含水层所含地下水向矿区汇聚。现使用“大井法”将矿区看作大规模抽水井，根据抽水井影响半径公式对矿井排水的影响范围做出初步判断，计算公式如下：

$$R = 10s\sqrt{K} \tag{3-15}$$

式中　R——抽水井影响半径；

s——疏干后水位与原水位差值；

K——渗透系数。

根据矿区水文地质报告等相关资料，可知2-2煤组顶板砂岩单位涌水量为0.002 63～0.002 72 L/(s·m)，渗透系数为0.012 2～0.009 6 m/d，按最大渗透系数计算，影响半径约为114.08 m。研究区周围其他矿区密布，具有很强的区域性，地下水流场一旦遭到破坏，短时间之内将难以修复。

3.5　矿井排水的地面工程与风险

根据《2012年补连塔矿区水资源论证报告》中相关数据，可知未经处理的矿井排水中COD、氟化物、石油类含量较高。矿区排水前后化学组分指标见表3-11。

表3-11　矿区排水前后化学组分指标

序号	项目	标准	检测指标		结果
			进水口	出水口	
1	pH	6～9	8.28	8.22	符合
2	悬浮物/(mg/L)	≤50	6 060	10	符合
3	COD_{Cr}/(mg/L)	≤50	38	12	符合
4	六价铬/(mg/L)	≤0.5	0.024	0.008	符合
5	石油类/(mg/L)	≤5	7.712	1.466	符合
6	氟化物/(mg/L)	≤10	2.8	2.8	符合
7	总铁/(mg/L)	≤6	0.23	0.17	符合
8	总锌/(mg/L)	≤2	<0.05	<0.05	符合

续表 3-11

序号	项目	标准	检测指标		结果
			进水口	出水口	
9	总砷/(mg/L)	≤0.5	<0.01	<0.01	符合
10	总铬/(mg/L)	≤1.5	0.03	0.012	符合
11	总镉/(mg/L)	≤0.1	0.003	<0.001	符合
12	总铅/(mg/L)	≤0.5	<0.01	<0.01	符合
13	总汞/(mg/L)	≤0.05	<0.001	<0.001	符合

研究区先建有两座矿井水净化处理厂，采用混凝沉淀和过滤的方法对矿井排水进行处理，经处理后的矿井水质明显改善，总体指标符合《煤矿井下消防、洒水设计规范》(GB 50383—2016)，可用于进入生产供水水源，井下防尘、洒水等用水环节。

3.6　煤矸石堆放影响浅层地下水作用机制

3.6.1　堆放场地特征

煤矸石堆放场位于矿区西南侧 3 km 处，南临洗煤厂，占地约 10 000 m^2，堆放方式采取露天堆放，场地无保护措施，堆积体呈锥体状堆放，堆积高度约 15 m，煤矸石存在明确风化特征，风化程度为微—弱风化。降雨环境下，煤矸石在这种保存状态下易吸水后崩解，环境干燥后，又易产生粉尘污染，堆放场地附近土壤被扬尘污染呈灰黑色。受降水溶滤作用，煤矸石产生的滤液将会入渗到距离最近且防污能力较差的第四系潜水含水层，继而随含水层裂隙进入到更深层承压含水层，污染地下水系统。

3.6.2　污染物释放迁徙机制

煤矸石溶滤液中的重金属元素与无机污染物随降水补给到表层包气带并逐渐向下迁移至第四系潜水含水层，随着时间的不断推移，在潜水含水层中不断富集，造成一定范围内的潜水含水层污染因子本底值升高。

根据《永城矿区地下水环境变化机理及其数值研究》对煤矸石进行溶滤试验可知：重金属元素 Cd^{6+}、Pb^{2+}、Cu^{2+} 的浓度均随浸泡时间的增加而缓慢增加，Mn^{2+} 的浓度在缓慢增加后接近直线式增加，As^{2+} 的浓度随时间增加而迅速增加；无机污染物指标如 SO_4^{2-}、COD、F^- 随时间的增加而缓慢增加。

3.7　矿区环境治理影响地下水的机制

3.7.1　塌陷区环境治理现状

研究区煤矿于20世纪90年代投入生产后，产量不断增加，迄今已经历4次增产，这对研究区的生态环境带来较大的负面影响。研究区地面主要为村庄与农业用地，人口较少，人均占有土地面积较大，绝大多数人已经搬迁。煤炭开采导致研究区地表产生大面积塌陷区（见图3-21），当地的主要治理方式为塌陷区重新回填后种植防风固沙植物，如梭梭树等，还有一部分塌陷区对外承包为松树苗圃。

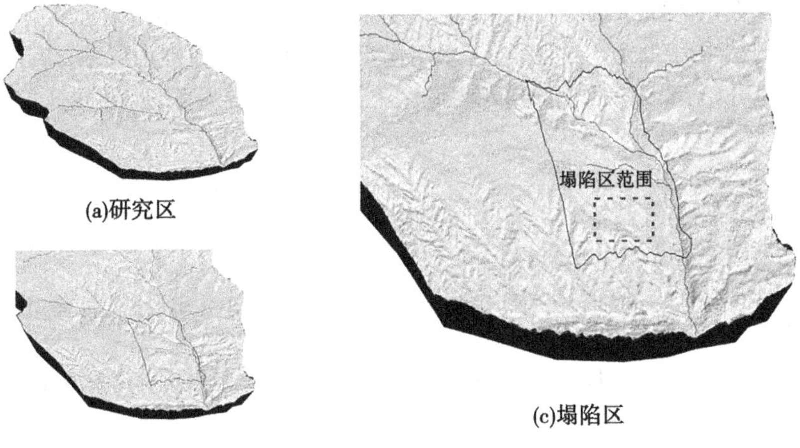

(a)研究区　(b)模拟区　(c)塌陷区

图3-21　地表塌陷区

3.7.2　治理过程污染物释放机制

多年的矿区环境治理使研究区上覆地表存在大面积松树苗圃，为维持大量、高密度种植松树的存活，苗圃所需氮肥量远高于当地其他农作物所施氮肥量，大量氮肥随灌溉水流入第四系含水层，导致地下水局部 NO_3^- 含量异常升高。

3.8　结　论

通过研究区地下水化学特征的分析结果可知，研究区整体水质良好，呈弱碱性，存在一定程度的 Cl^- 富集现象，K^+、F^- 与 SO_4^{2-} 在研究区广泛存在，Ca^{2+}、Mg^{2+} 离子主要来源于石英石、长石等硅酸盐岩的溶解，HCO_3^- 主要来自盐酸盐的溶解，Na^+ 和 Cl^- 来自盐岩溶解，Ca^{2+}、Mg^{2+} 的浓度随着 Na^+ 的浓度增高而降低，NO_3^- 少量来源于人口聚集区、矿区与村落排放的粪肥污水，主要来自人工植被、庄稼所施氮肥及硝化反应。受采动作用影响，研究区地下水化学特征较为复杂，延安组含水层水质较差，主要表现为 F^- 的富集。对各采样点水样化学组分进行主成分分析与相关性分析后，得到不同化学组分在研究区的空间分布情况，Na^{+}为主导阳离子广泛富集。产生原因为：采动下导水裂隙发育，溶滤作用增强，含水层局部沉降导致岩层破裂，打破原有水岩平衡状态。Mg^{2+}、NO_3^-、HCO_3^- 主要富集在河流西岸矿区一侧。说明地质结构被破坏，溶滤作用加强。高浓度 Na^{+}在流经该区域时置换出 Mg^{2+}等。TDS 浓度由低到高的方向通常可以表示地下水流向，说明在浓度异常区存在降落漏斗，通过后期地下水流场模拟也证实了这一点；之后通过对不同含水层地下水的常规元素、微量元素、氢氧同位素进行分析，通过不同含水层地下水组分的差异性对各含水层的水力联系做出判断，研究表明，研究区地下水的主要补给来源为大气降水，大气降水进入第四系含水层后，通过导水裂隙与地质天窗进入下覆直罗组含水层，混合后进入下覆的延安组混合含水层，但仅通过化学分析无法得到更深层次的延安组深层含水层与上覆含水层是否存在水力联系，通过结合研究区受采煤驱动影响产生的导水裂隙带发育情况的计算与预测结果可知，延安组深层含水层与上覆含水层存在水力联系，煤层上覆含水层之间存在越流补给；受采动作用的影响，矿区上覆地层出现塌陷区，导致研究区原有地质结构被破坏。

参考文献

[1] 中华人民共和国生态环境部. 地下水环境监测技术规范：HJ 164—2020[S]. 北京：中国环境出版集团，2020.

[2] 李连香，许迪，程先军，等. 基于分层构权主成分分析的皖北地下水水质评价研究[J]. 资源科学，2015，37(1)：61-67.

[3] 孟利，左锐，王金生，等. 基于 PCA-APCS-MLR 的地下水污染源定量解析研究[J]. 中国环境科学，2017，37(10)：3773-3786.

[4] YADAV A, NABDA A, SAHU B L, et al. Groundwater hydrochemistry of Rajnandgaon district, Chhattisgarh, Central India[J]. Groundwater for Sustainable Development, 2020(11)：1-9.

[5] 秦子兀，高瑞忠，张生，等. 西北旱区盐湖盆地地下水化学组分源解析[J]. 环境科学研究，2019，32(11)：1790-1799.

[6] 薛智通. 榆神西部某煤矿开采对地下水影响的数值模拟[D]. 西安：长安大学，2021.

[7] 曹阳，滕彦国，刘昀竺. 吴忠市金积水源地地下水水质影响因素的多元统计分析[J]. 吉林大学学报(地球科学版)，2013，43(1)：235-244.

[8] 赵卫东，赵芦，龚建师，等. 宿州矿区浅层地下水污染评价及源解析[J]. 地学前缘，2021，28(5)：1-14.

[9] 谷天雪，卞建民，杨广森，等. 大庆市浅层地下水化学特征及污染源解析[J]. 人民黄河，2016，38(7)：68-72.

[10] 廖磊，何江涛，彭聪，等. 地下水次要组分视背景值研究：以柳江盆地为例[J]. 地学前缘，2018，25(1)：267-275.

[11] 中华人民共和国卫生部，中国国家标准化管理委员会. 生活饮用水卫生标准：GB 5749—2022[S]. 北京：中国标准出版社，2006.

[12] 樊燕. 煤矿开采对上覆含水层影响的数值模拟研究[D]. 太原：太原理工大学，2011.

[13] 马铭言，董少刚，张文琦，等. 乌梁素海区域地下水水化学特征及成因分析[J]. 地球与环境，2021，

49(5):472-479.

[14] 赵春虎,靳德武,虎维岳.采煤对松散含水层地下水扰动影响规律及评价指标:以神东补连塔井田为例[J].煤田地质与勘探,2018,46(3):79-84.

[15] 孟利,左锐,王金生,等.基于PCA-APCS-MLR的地下水污染源定量解析研究[J].中国环境科学,2017,37(10):3773-3786.

[16] 雒芸芸,马振民,侯玉松,等.焦作地区浅层地下水系统污染源解析[J].有色金属(冶炼部分),2013(4):58-61.

[17] 王建,张华兵,许君利,等.盐城地区地下水溶质来源及其成因分析[J].环境科学,2022,43(4):1908-1919.

[18] 彭岩波,徐东辉,王倩,等.山东省地下水特征污染组分识别研究[J].北京师范大学学报(自然科学版),2020,56(3):409-415.

[19] 刘思圆,马雷,刘建奎,等.阜阳颍东浅层地下水化学特征与空间分布规律研究[J].地下水,2018,40(3):1-3,27.

[20] 张恒星.呼和浩特盆地浅层地下水砷含量分布规律研究[J].绿色科技,2018(8):47-48,51.

[21] 房满义,李雪妍,张根,等.煤矿地下水库水岩作用机理研究:以大柳塔煤矿为例[J].煤炭科学技术,2022,50(11):236-242.

[22] 杨茂林.煤炭开采对神东矿区地下水的影响规律研究[J].煤炭科学技术,2017,45(S2):23-27.

[23] CHEN Z X, YU L, LIU W G, et al. Nitrogen and oxygen isotopic compositions of water-soluble nitratein Taihu Lake water system, China: Implica-tion for nitrate sources and biogeochemical process [J]. Environmental Earth Sciences, 2014, 71(1):217-223.

[24] 王甜甜,张雁,赵伟,等.伊敏矿区地下水水化学特征及其形成作用分析[J].环境化学,2021,40(5):1480-1489.

[25] 唐春雷,郑秀清,梁永平.龙子祠泉域岩溶地下水水化学特征及成因[J].环境科学,2020,41(5):2087-2095.

[26] 付昌昌,李向全,马剑飞,等.窟野河流域中游煤矿区地下水质量及补给来源研究[J].水文,2018,38(6):42-47.

[27] 顾大钊,张建民,王振荣,等.神东矿区地下水变化观测与分析研究[J].煤田地质与勘探,2013,41(4):35-39.

[28] 张鑫,张妍,毕直磊,等.中国地表水硝酸盐分布及其来源分析[J].环境科学,2020,41(4):1594-1606.

[29] 苏贺,康卫东,杨永康.基于水化学和稳定同位素的黄土区地下水硝酸盐来源示踪[J].太原理工大学学报,2021,52(5):775-788.

[30] 樊燕.煤矿开采对上覆含水层影响的数值模拟研究[D].太原:太原理工大学,2011.

[31] 梁蓉蓉.孔隙含水层底板参数变化条件下煤矿开采对松散含水层影响规律的数值模拟研究[D].太原:太原理工大学,2016.

[32] 徐秋娥,刘澄静,角媛梅,等.稳定氢氧同位素示踪水汽来源对哈尼梯田降水补给的影响[J].生态学报,2020,40(5): 1709-1717.

[33] 贾艳琨,王经兰,王东升.环境同位素在水文地质和环境地质研究中的应用[J].地球学报,2005,26(Z1):307-308.

[34] AYENEW T, KEBEDE S, ALEMYAHU T. Environmental isotopes and hydrochemical study applied to surface water and groundwater interaction in the Awash River basin[J]. Hydrological Processes, 2010,22(10):1548-1563.

[35] 黄平华,祝金峰,邓勇,等. 地下水中氚同位素分布模型及其应用[J]. 煤炭学报, 2013, 38(增 2): 448-452.
[36] 张村,任赵鹏,韩鹏华,等. 西部矿区厚基岩特大采高工作面导水裂隙带发育特征[J]. 矿业科学学报,2022,7(3):333-343.
[37] 马建全,吴钶桥,彭昊,等. 煤岩采动应力-裂隙带发育规律研究:以榆树湾煤矿为例[J]. 西安科技大学学报,2022,42(1):107-115.
[38] 冀汶莉,田忠,柴敬,等. 多属性融合分布式光纤导水裂隙带高度预测方法[J]. 吉林大学学报(工学版),2023,53(4):1200-1210.
[39] 智国军,刘润,杨瑞刚,等. 万利一矿煤层群开采覆岩导水裂隙带高度研究[J]. 煤炭工程,2021,53(10):106-110.
[40] 黄磊. 内蒙古锡林河子流域浅层水文地质结构辨识及采煤疏干影响研究[D]. 西安:长安大学,2018.
[41] 许武. 张家峁井田采煤对潜水流场的扰动规律研究[D]. 西安:西安科技大学,2013.
[42] 中华人民共和国住房和城乡建设部,中华人民共和国国家质量监督检验检疫总局. 煤矿井下消防、洒水设计规范:GB 50383—2016[S]. 北京:中国计划出版社,2016.
[43] 陈雪,许丹丹,钱雅慧,等. 淮北矿区煤矸石多环芳烃污染特征及毒性评价[J]. 中国环境科学,2022,42(2):753-760.
[44] 王延东,李晓光,黎佳茜,等. 煤矸石堆存区周边土壤重金属污染特征及风险评价[J]. 硅酸盐通报,2021,40(10):3464-3471,3478.
[45] 冯斌. 永城矿区地下水环境变化机理及其数值模拟研究[D]. 北京:中国地质大学(北京),2019.
[46] 吕晓立,刘景涛,韩占涛,等. 快速城镇化进程中珠江三角洲硝酸型地下水赋存特征及驱动因素[J]. 环境科学,2021,42(10):4761-4771.
[47] 侯泽明,黄磊,韩萱,等. 采煤驱动下神东矿区地下水化学特征及成因[J]. 中国环境科学,2022,42(5):2250-2259.

第 4 章 采煤驱动下矿区上覆含水层数值模拟

采煤驱动下地下水流场的变化主要由两个方面引起,一是采动作用下地表发生形变导致流场梯度产生变化,二是采动作用下导水裂隙的发育导致上覆含水层之间产生水力联系继而使流场发生变化。通过第 3 章对导水裂隙带的高度计算和从常规元素、微量元素与同位素三个角度出发,对各含水层地下水化学特征及水力联系进行的分析可知,上覆第四系含水层、直罗组含水层与延安组含水层均发生一定程度的连通。采动作用产生导水裂隙带使地下水水位下降,承压水含水层也会从承压状态变为半承压、非承压状态,为准确研究研究区上覆含水层在采动作用下的变化,在概化水文地质概念模型的基础上,运用 GMS 中的 MODFLOW 程序包建立地下水数值模型,通过三个长期观测孔的历史曲线,对模型的水文地质条件与参数进行验证,分析煤炭开采对矿区上覆潜水含水层与基岩裂隙含水层的影响。

4.1 模拟区水文地质概念模型

根据研究区地形地貌、水文地质条件及第四系潜水含水层流场等综合因素确定模拟区边界,模拟区东西长约 14.6 km,南北长约 23.2 km,面积约 338.72 km^2。

根据钻孔柱状图与地质资料将研究区地质结构概化为 5 层,如图 4-1 所示,分别为砂

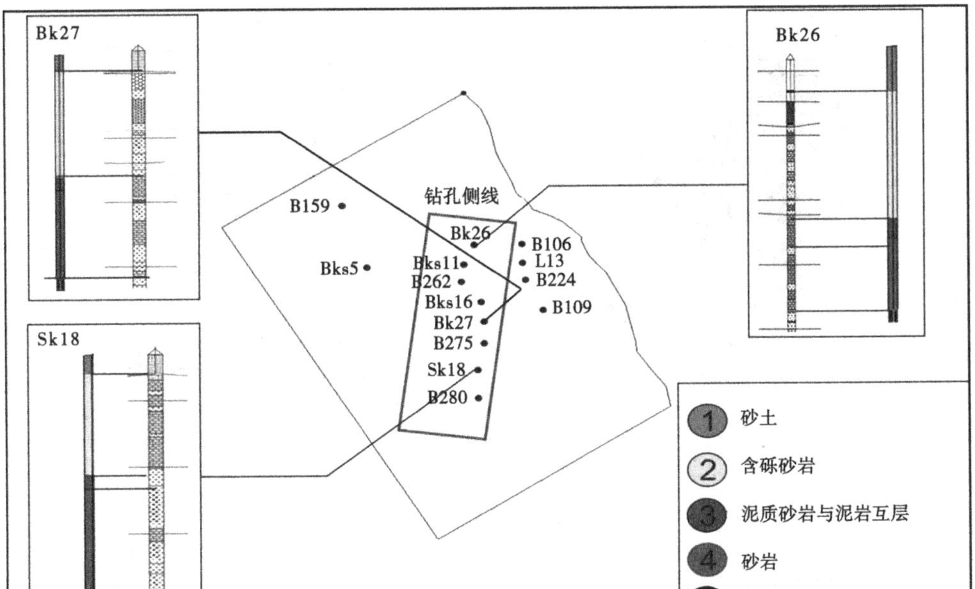

图 4-1 钻孔柱状图与地层对照图

土层、含砾砂岩层、泥质砂岩与泥岩互层、砂岩层、泥质砂岩与煤互层，概化后地层结构如图 4-2 所示。

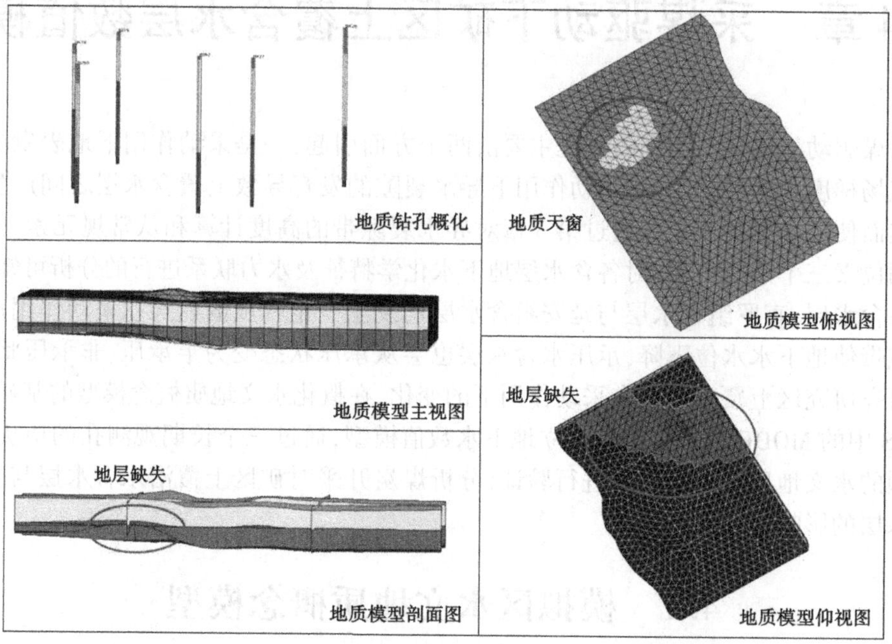

图 4-2　概化后地层结构

根据模拟区的地质结构、地层岩性与水文地质参数，将矿区上覆含水层概化为 3 层，分别为第四系含水层、直罗组含水层、延安组含水层。概化后含水层结构如图 4-3 所示。

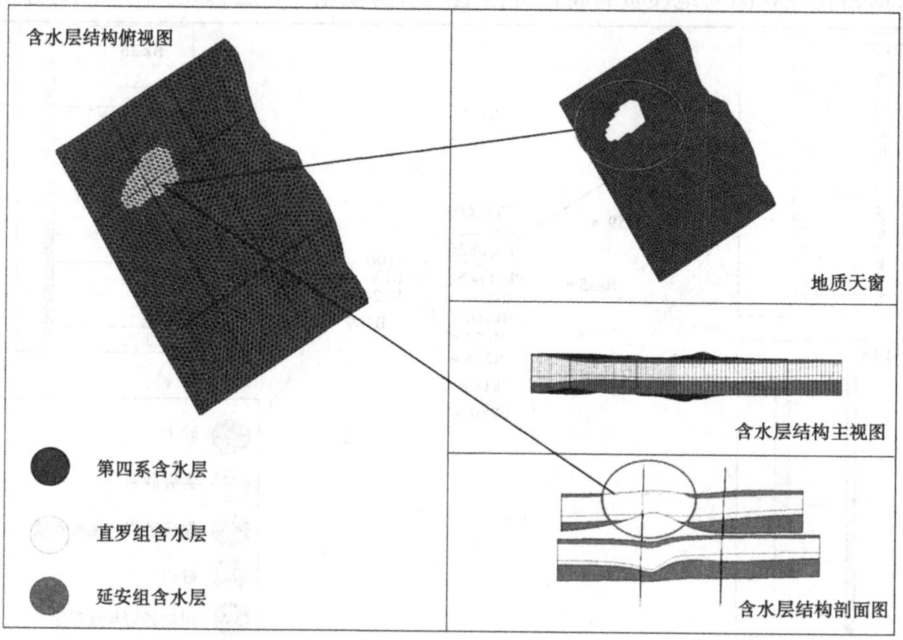

图 4-3　概化后含水层结构

通过分析研究区初始流场与水文地质资料，对研究区含水层边界进行概化，如图 4-4 所示。AB 边界：以乌兰木伦河为流出边界，概化为二类定流量边界；BC 边界：垂直于地下水流线设置，概化为二类零流量边界；CD 边界：沿地下水流线为流入边界，概化为二类定流量边界；DA 边界：垂直于地下水流线设置，概化为二类零流量边界。

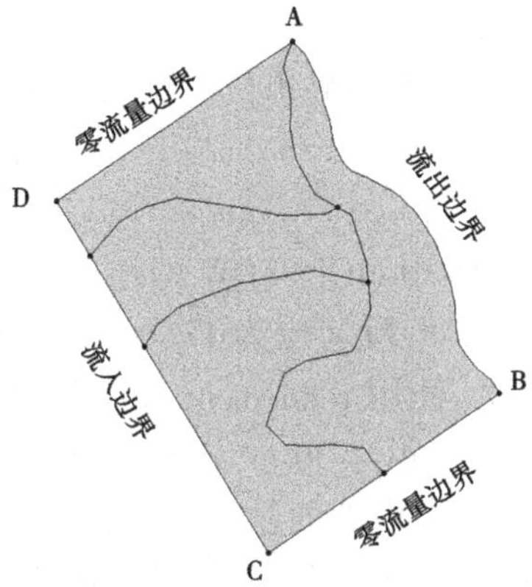

图 4-4　模型边界

4.2　模拟区地下水数值模型

4.2.1　数学模型

根据模拟区的地质资料、水文地质概况、水文地质参数与含水层、隔水层特征，结合实际掌握资料的详细程度与数据量，将模拟区定义为非均质各向同性非稳定三维流，其数学模型表达式如下：

$$\frac{\partial}{\partial x}\left(K\frac{\partial H}{\partial x}\right)+\frac{\partial}{\partial y}\left(K\frac{\partial H}{\partial y}\right)+\frac{\partial}{\partial Z}\left(K\frac{\partial H}{\partial z}\right)=S_{\mathrm{S}}\frac{\partial H}{\partial t}\quad x,y,z\in\omega,t>0 \tag{4-1}$$

$$H(x,y,z,t)=H_0(x,y,z)\quad t>0 \tag{4-2}$$

$$\left.\begin{aligned}&K\frac{\partial H}{\partial n}\bigg|_{r_j}=q(x,y,z,t)\quad x,y,z\in\Gamma_{1,3},t>0\\&K\frac{\partial H}{\partial n}\bigg|_{r_j}=0\qquad\qquad\quad x,y,z\in\Gamma_{2,4},t>0\end{aligned}\right\} \tag{4-3}$$

$$\left.\begin{aligned}&H=z\\&\mu\frac{\partial H}{\partial t}=-(K+W_1)\frac{\partial H}{\partial z}+W_1\quad t>0\end{aligned}\right\} \tag{4-4}$$

式中　ω——模拟流域区域；

$H(x,y,z,t)$——模拟区含水层标高，m；

K——含水层渗透系数，m/d，此处认为各向同性；

μ——第四系含水层给水度，m^{-1}；

S_S ——承压含水层储水系数;

W_1——含水层源汇项,d^{-1};

$H_0(x,y,z)$ ——含水层初始水位,m;

$\Gamma_{1,3}$——模拟区二类定流量边界;

$\Gamma_{2,4}$——模拟区二类零流量边界;

$q(x,y,z,t)$ ——模拟区第二类边界单位面积流量函数,m/d。

4.2.2 数值模型结构

模拟区域空间离散,根据 GMS 中 MODFLOW 的运行环境,使用有限差分对含水层进行网格剖分,模拟区域网格单元行 × 列 × 层为 171 × 174 × 4,加密间距步长 90 m。为保证研究区地下水流场模拟的精度,使用 refinement 程序包对矿区所在位置进行中心网格加密(见图 4-5),加密区域内网格间距为 30 m,最大加密间距 90 m,并对模型边界节点进行重新分配,以确保对研究区地下水模拟的精度,加密后模型共有节点 150 500 个,单元格 119 016 个,其中活动单元格有 55 667 个,含水层空间模型见图 4-6。

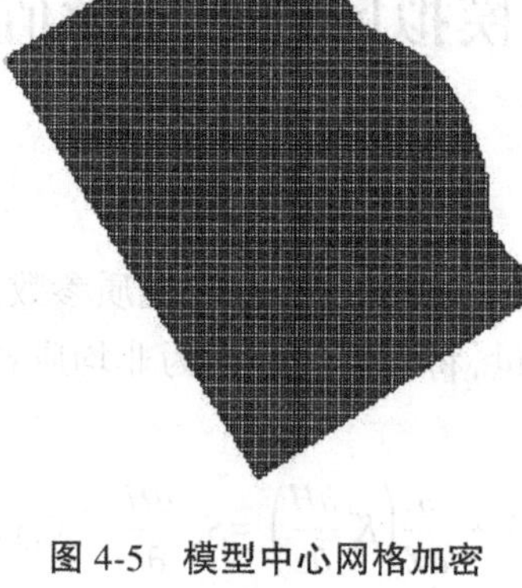

图 4-5 模型中心网格加密

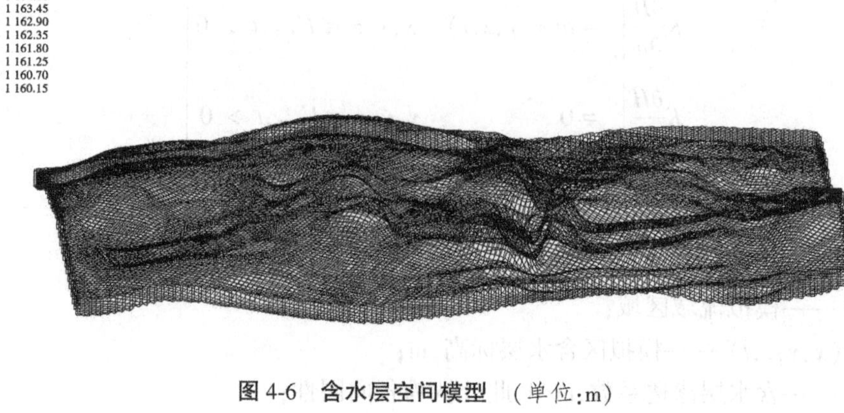

图 4-6 含水层空间模型 (单位:m)

识别期、验证期的确定,根据实测数据与当地水文气象数据,选用 2020 年 8 月的实测水位数据对模型进行识别,选用 2020 年 1 月至 2021 年 12 月的长测水位观测数据对模型进行验证。

边界条件的处理,初始条件:使用 2020 年 8 月采集的地下水水位数据为模型初始流场,研究区地下水流场总体趋势如图 4-7 所示。

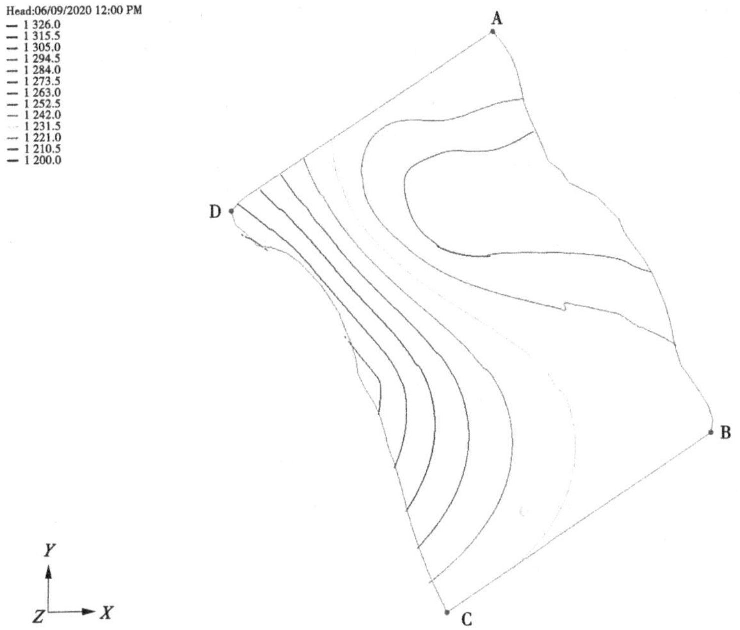

图 4-7　研究区地下水流场总体趋势　(单位:m)

边界条件:将 AB 流出边界,设置为已知水头边界;CD 流入边界,设置为已知水头边界;将 BC、AD 边界设置为垂直于流场流线的零流量边界。流入流出形式以抽、排水井的形式输入到边界网格中,通过拟合边界流场后,重新分配边界流入流出量。

4.2.3　源汇项

4.2.3.1　大气降水入渗补给

根据伊金霍洛旗气象数据可知:按照实际情况逐月添加到 MODFLOW 的 Recharge 程序包中。研究区多年降水量平均值为 357.3 mm,降水入渗补给量计算公式如下:

$$P = AP_0\alpha \tag{4-5}$$

式中　P——降雨入渗补给量;

A——模拟区域面积;

P_0——多年降水平均值;

α——降水入渗系数,研究区北侧取 0.35,南侧取 0.28。

4.2.3.2　潜水蒸发量

根据伊金霍洛旗气象数据可知:多年平均蒸发量 2 457.7 mm,根据《鄂尔多斯盆地地下水勘查研究》可知,当地第四系潜水含水层的极限蒸发深度为 2.15 m。

4.2.3.3 侧向径流

根据模拟区流量边界处水力梯度、各含水层在以模型边界为投影方向的面积与渗透系数进行计算,得到边界处各含水层的侧向径流量。

4.2.3.4 人工开采

模拟区主要存在的人工开采分为生活用水和工业用水。生活用水主要为模拟区农业灌溉与绿化用水,由于这一部分用水量较小,大约在740.35 m^3/a,故以负值形式并入降雨入渗量中;而工业开采用水量较大,为矿区疏干排水,将整个矿区排水机房视为一个排水井,用“大井法”处理矿区排水,年排水量为1 686 000 m^3/a。源汇项计算如表4-1所示。

表4-1 源汇项计算

源汇项	第四系含水层	直罗组含水层	延安组含水层
补给面积/m^2	360 975	721 950	1 299 510
排泄面积/m^2	360 975	721 950	1 299 510
补给梯度	0.002 7	0.003 8	0.002 8
排泄梯度	0.001 8	0.000 7	0.000 4
侧向补给/(m^3/d)	457.43	842.08	1 122.78
侧向排泄/(m^3/d)	818.69	160.40	173.23
降雨入渗系数	0.22		
最大蒸发深度/m	2.15		

4.3 模型的识别与验证

模型的识别与验证是模拟过程中极其重要的一步,往往需要反复调试计算才能得到理想的拟合结果,调试过程为反求参数的间接方法之一,也称试估校正法。通过对比模型计算所得的水位高度与同期实测水位高度,不断修改参数以达到二者之间的误差最小,即认为模型参数可代表模拟区水文地质参数。

计算水位与实测水位误差的目标函数如下:

$$E_{\rm rr} = \sum_{i=1}^{n} \sum_{j=1}^{m} w_j (H_{ij}^{\rm e} - H_{ij}^{\rm u})^2 \tag{4-6}$$

式中 m——时段总数;

n——观测孔数;

w_j——权系数;

$H_{ij}^{\rm e}$——计算水位;

$H_{ij}^{\rm u}$——实测水位。

当目标函数 $E_{\rm rr}$ 最小时,模拟水文地质参数与实际水文地质参数相接近。

4.3.1　模型识别

选用研究区 3 个长期观测孔 2020 年 1—5 月(共计 151 d)时间步长观测的水位数据进行模型的识别，观测孔位置分布如图 4-8 所示，将模型模拟计算结果与水文地质条件相结合，在不断调整水文地质参数与边界参数的过程中，寻求模型的最佳拟合状态。3 个长期观测孔的实测水位与模型模拟计算水位拟合效果如图 4-9 所示，计算二者差值得到该时刻的模拟误差，计算其绝对值，以得到模型验证期所有观测孔计算水位的绝对误差均值，误差均满足精度要求。

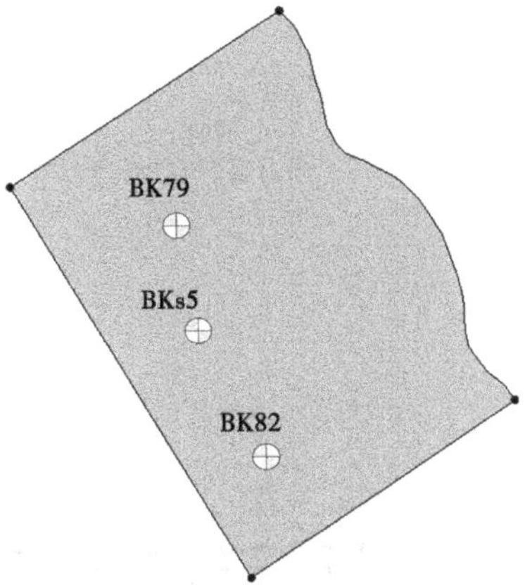

图 4-8　观测孔位置分布

4.3.2　模型验证

选用研究区 3 个长期观测孔 2020 年 6—10 月(共计 152 d)时间步长观测的水位实测数据对模型识别后调整的参数做进一步验证，依旧以实测水位与模拟计算水位的拟合结果作为模型是否可靠的指标，验证期观测孔实测水位与模型模拟计算水位拟合效果如图 4-10 所示。

通过观察图 4-10 可知，模型验证期实测水位与模拟计算水位趋势大体一致，二者之间的拟合程度较高，在验证期第 120 天左右，BK79 与 BK82 实测水位出现较大升高，而模拟计算水位变化不大，出现这种情况的原因为：BK79、BK82 所处位置的含水层底板模拟高程与实际情况有一定偏差，处于枯水期时误差不明显，但处于丰水期时，误差受气候因素的影响被放大。计算二者差值得到该时刻的模拟误差，计算其绝对值，以得到模型验证期所有观测孔计算水位的绝对误差均值，误差均小于 0.5 m，满足精度要求。

4.3.3　水文地质参数分区

根据前述水文地质条件、地质条件及研究区现场勘察报告，结合地形地貌、野外抽水试验的计算结果及地下水流场，以模拟流场与实际流场达到最佳拟合状态为目的，对数值模拟区进行水文地质参数分区。

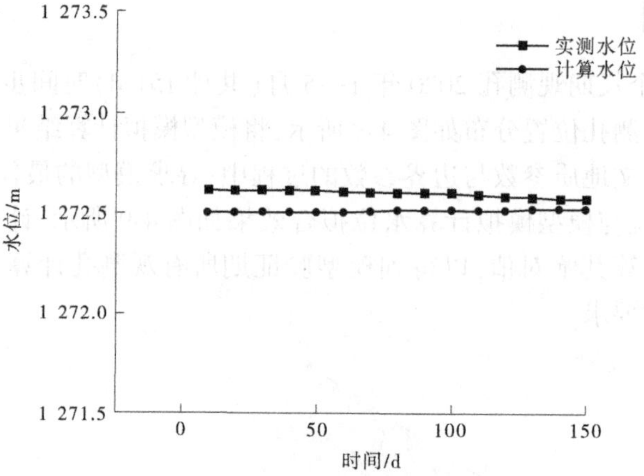

(a)观测孔BKs5

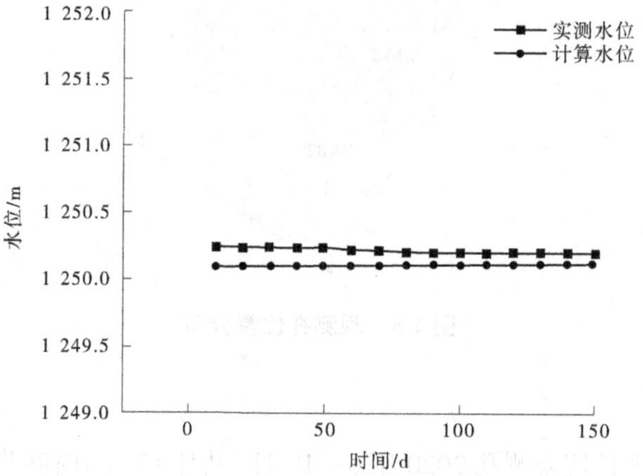

(b)观测孔BK79

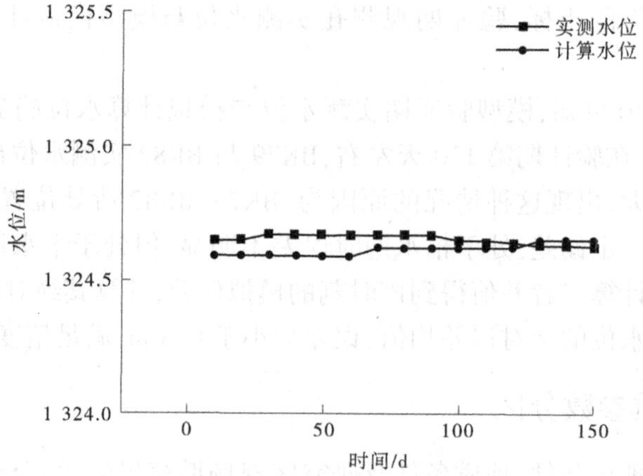

(c)观测孔BK82

图 4-9　3 个长期观测孔的观测水位与模型模拟计算水位拟合效果

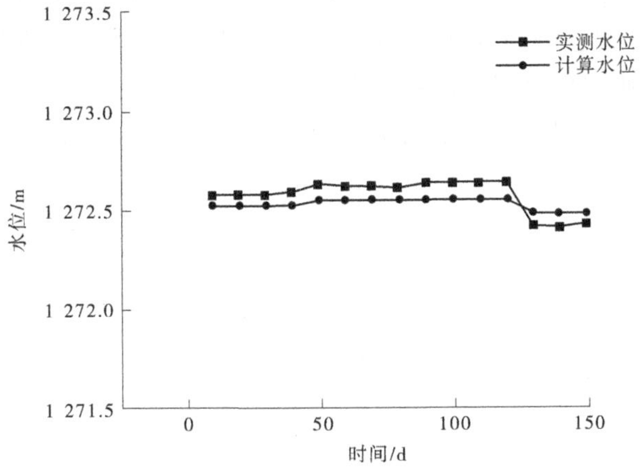

(a)观测孔BKs5

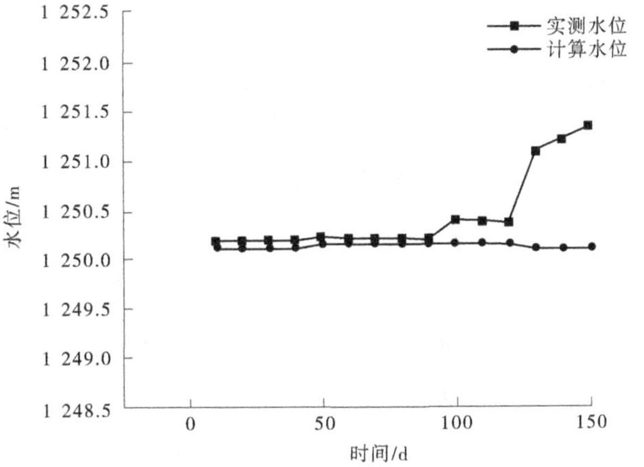

(b)观测孔BK79

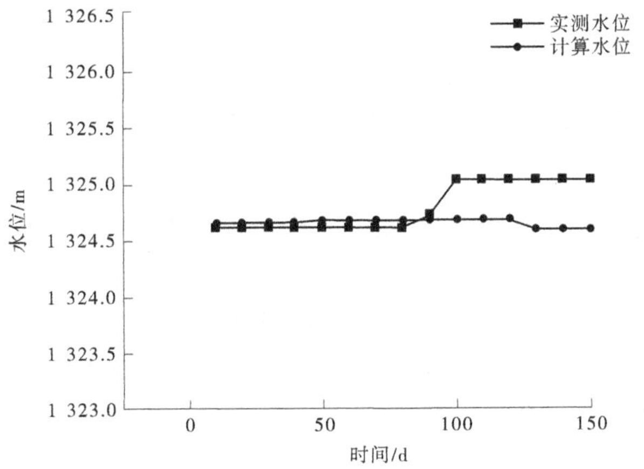

(c)观测孔BK82

图4-10 验证期观测孔实测水位与模型模拟计算水位拟合效果

由于沿河一侧的第四系冲积沉积物与松散黄土沉积层的水文地质参数相差较大，且在进行含水层的模拟时，中间较厚的隔水层也包含其中，这与实际情况出入较大，模拟时反复调试参数以达到与实际情况相近，其各项参数较实际情况偏小。各含水层水文地质分区见图 4-11～图 4-13，研究区各水文地质分区参数取值见表 4-2。

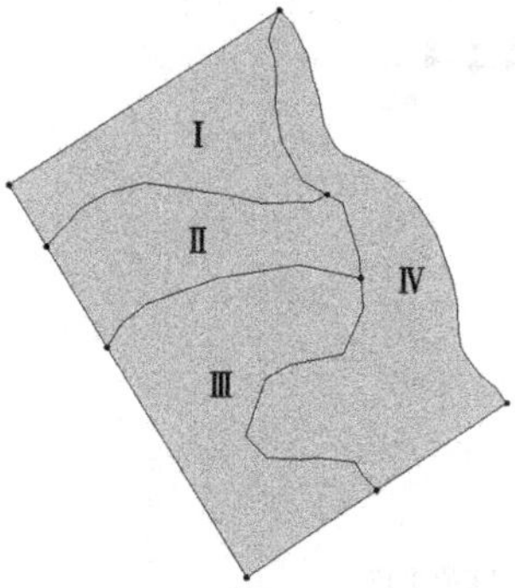

图 4-11　第四系含水层水文地质分区

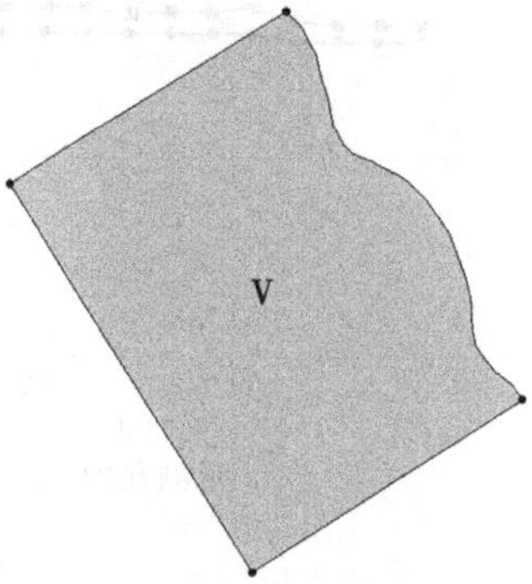

图 4-12　直罗组含水层水文地质分区

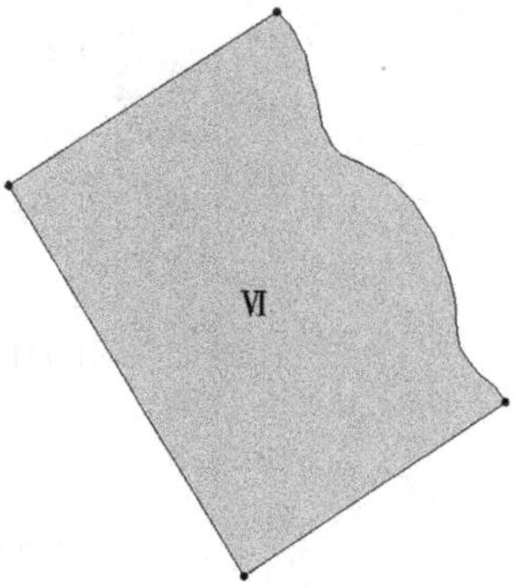

图 4-13　延安组含水层水文地质分区

表 4-2　研究区各水文地质分区参数

含水层名称	分区编号	渗透系数	μ 或 S_S
潜水含水层	Ⅰ	5.103	0.09
	Ⅱ	4.501	0.06
	Ⅲ	5.996	0.11
	Ⅳ	14.498	0.15
直罗组孔隙-裂隙含水层	Ⅴ	1.230	0.006 0
延安组含裂隙水层	Ⅵ	1.324	0.006 2

4.4　煤系含水层水位变化及预测

设置预测期为 2020 年 8 月至 2046 年 8 月，通过对比 2020 年、2033 年与 2046 年的流场预测结果可知，2020 年至 2046 年地下水流场变化并不显著，这也符合矿区对地下水水位的监测结果（见图 4-14），说明在现有开采条件下，地下水系统通过自我调节机制趋于平衡。

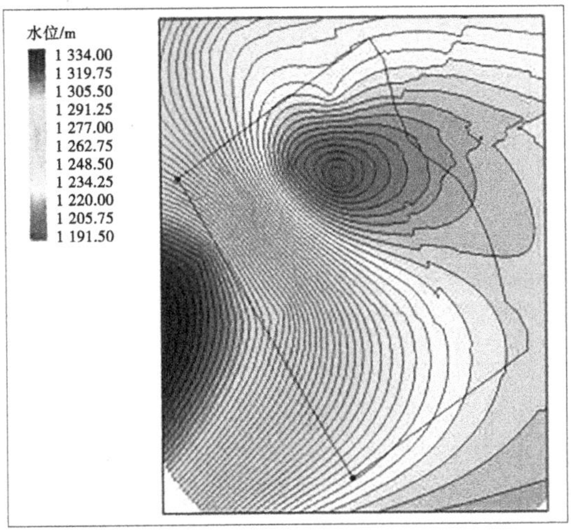

(a)2020 年延安组含水层

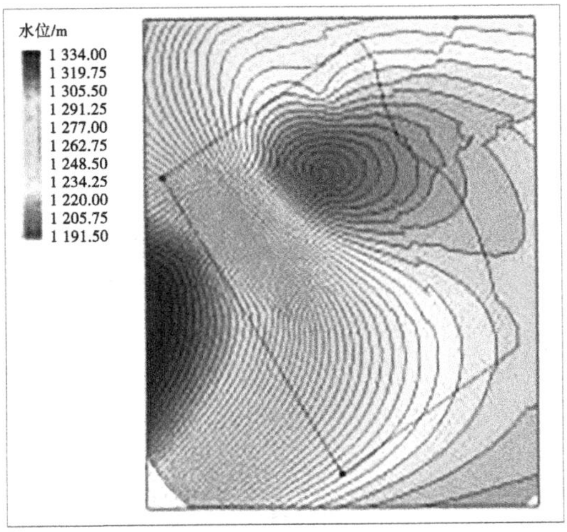

(b)2033 年延安组含水层

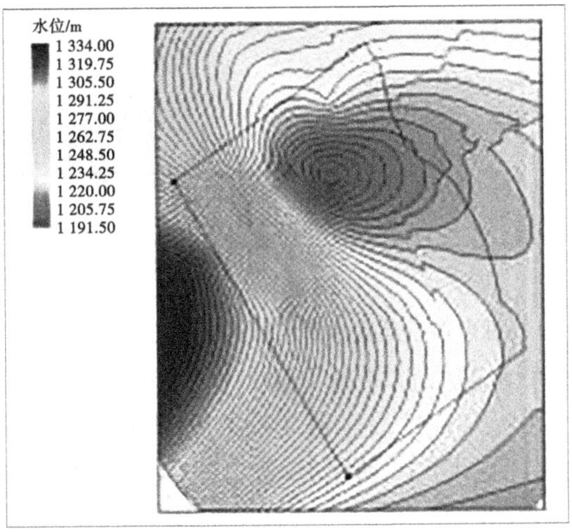

(c)2046 年延安组含水层

图 4-14　2020—2046 年地下水流场变化趋势

图 4-15 为延安组含水层流场三维示意图,由图 4-15 可以看出,上覆第四系含水层与直罗组含水层存在渗漏区域,流场整体变化趋势为越靠近采煤区水力梯度变化越大,上覆含水层水体受水力梯度作用产生越流补给,流经导水裂隙补给至主要煤系含水层:延安组含水层。采煤驱动下,在区域原有的地下水循环模式基础上生成一个局部地下水循环系统,受采煤驱动作用局部地下水循环系统含水层水体循环速度加快。

在延安组含水层存在一定程度的降落漏斗,根据流场预测情况可知,在现有开采条件下降落漏斗的影响范围不会发生变化。但研究区周围分布有其他露天煤矿与井工矿若干,未来矿区提高开采量的同时需结合水文地质情况与矿区疏水量,不断改进保水采煤方案,避免出现矿与矿之间的降落漏斗相互连通导致地下水水位整体下降的情况。

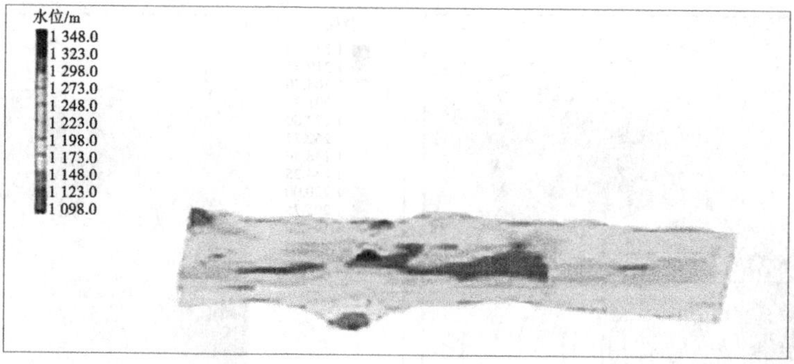

(a)

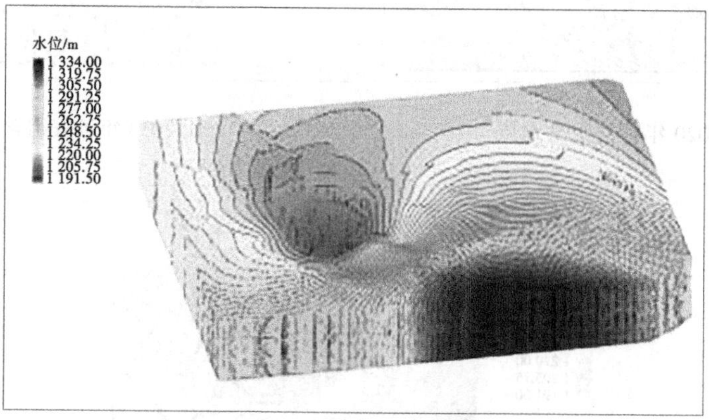

(b)

图 4-15　延安组含水层流场三维示意图

综上所述,研究区地下水在当前的开采条件下处于平衡状态,地下水水位无明显变化,但开采导致局部地下水循环模式发生改变形成降落漏斗,局部地下水循环系统的存在使地下水循环的速度加快(如图 4-16 所示)。鉴于研究区周围存在其他不同工况的矿区,

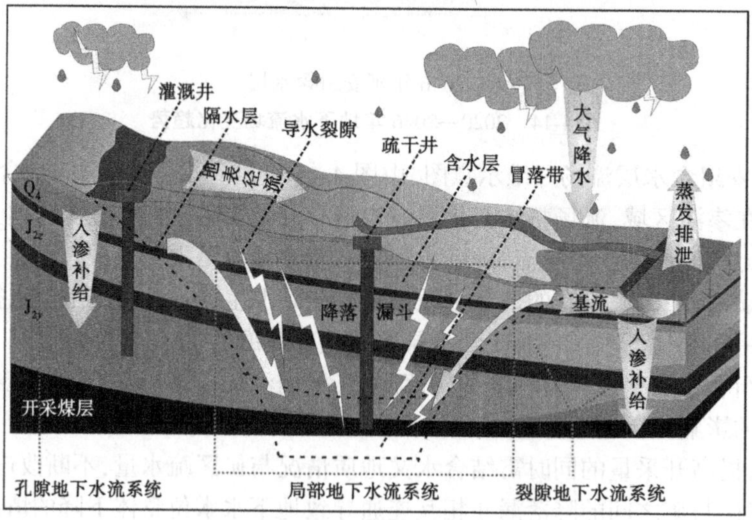

图 4-16　地下水循环模式概念图

未来随着矿区产能提高,如果不控制采煤疏干量,不及时更新保水方案,煤水不协调发展,会导致矿区之间的降落漏斗产生连通,打破现有平衡状态,导致地下水水位的整体下降,对研究区本就脆弱的生态系统产生严重破坏。同时,地下水水位的下降会使孔隙水压力下降,导致土体骨架间承载力不足而发生地面沉降、地裂缝等地质灾害。通过模型预测可以进一步提高对矿区地下水现状的认知,为未来保水采煤、合理规划水资源提供合理高效的科学依据。

4.5　结　论

本章从研究区概念模型的结构出发,通过研究水文地质条件等刻画出研究区水文地质模型的空间分布情况、边界条件与源汇项,根据实际情况建立研究区数学模型,为数值模拟奠定基础。利用观察年的水位数据建立地下水数值模型,根据识别年水位数据对模型的精确度进行检验,反复调试水文地质参数使模型模拟计算水位与实测水位达到最佳拟合程度后,预测未来 25 年(2020—2046 年)采煤区上覆含水层的地下水流场变化。研究表明:在现有开采条件下,研究区水位未见显著变化,地下水系统自我调节机制趋于平衡,延安组含水层在导水裂隙与水力梯度的双重作用下形成降落漏斗,上覆含水层水体均向延安组含水层进行补给,导致延安组含水层水体化学特征较为复杂,并在原有的地下水循环系统下小范围地形成一个局部地下水循环系统,加快地下水的循环速度。研究区位于矿群之间,周围存在各类不同工况的矿区,未来若改变开采条件,需格外注意保水采煤方案的更新,实时监控地下水水位,避免各个矿区形成的降落漏斗相互连通,导致研究区地下水水位的整体下降,引发生态环境问题。地下水水位下降导致土体颗粒骨架承载力不足而发生地面塌陷、地裂缝等伴生地质灾害。

本次研究的地下水流场模型运行结果与实际观测数据拟合程度良好,较为客观地反映了研究区地下水流场在采煤前、采煤中与未来的变化情况,为讨论研究区水文地质问题奠定了基础,但存在以下问题与缺陷:

(1)受实地条件限制与可掌握资料有限程度的影响,导致实际钻孔数量较少,原有的物探数据不足,使地下水模型所包含的第四系潜水含水层、直罗组含水层与延安组含水层无法完全真实地被反映出来。

(2)受软件算法限制,无法将隔水层被贯通而导致的各个含水层的水力联系真实地表达出来,只能将含水层与隔水层统一处理为一个统一的整体地层,所以所求得的水文地质参数为一个综合数值,而非准确数值,在更为翔实的数据支撑下,才能更好地反映各含水层的产状与地下水的真实流场。

(3)受观测井较少的限制,无法全面地掌握实际水位情况,初始水位与实际水位还存在一定偏差,还有待补充勘探与观测数据,使模型更为精准可靠。

参考文献

[1] 宋昀,许洁,许书刚,等.苏锡常地下空间开发对地下水流场的影响[J/OL].地球科学,[2022-02-14].

[2] 张耀文,张莉丽,宋颖霞,等. 采动作用下煤矿地下水流场的演变规律[J]. 科学技术与工程,2021,21(12):4830-4837.
[3] 钱建秀. 基于井水位潮汐响应的含水层渗透性变化特征研究[D]. 廊坊:防灾科技学院,2019.
[4] 宋亚丹,吴丛杨慧,林雪峰,等. 地下水模拟软件 GMS 在场地环境调查中的应用[J]. 河南科技,2021,40(7):18-21.
[5] 刘宁. 地质构造在煤矿开采中的影响探讨[J]. 能源与节能,2023(12):181-183.
[6] 郭书全,王海. 柠条塔煤矿水文地质结构特征与水害治理模式研究[J]. 中国矿业,2024,33(2):190-200.
[7] 徐树媛. 厚黄土区松散含水层地下水对煤矿开采响应机制的研究[D]. 太原:太原理工大学,2020.
[8] 冷文鹏,陶亚,孙若涵,等. 基于 MODFLOW 模型滹沱河傍河地下水源地保护区划分[J]. 水利水运工程学报,2021(3):59-66.
[9] 曹百站. 采动地层结构的长期演化规律研究[D]. 阜新:辽宁工程技术大学,2007.
[10] 马佳. 基于 MODFLOW 的乐亭县工业聚集区地下水数值模拟研究[D]. 南昌:东华理工大学,2020.
[11] 姬战生,章国稳,张振林. 基于卷积神经网络的东苕溪瓶窑水文站水位预报[J]. 水电能源科学,2021,39(8):46-49.
[12] 唐逸凡,焦艳梅,刘新原,等. 地下水位升降过程中的黏土地基孔压变化试验研究[J]. 南京工业大学学报(自然科学版),2024,46(1):103-111.
[13] 葛伟丽,张兵华,张春明,等. 浅析内蒙古煤矿地下水开发利用问题及应对措施[J]. 内蒙古科技与经济,2023(18):86-88.
[14] 杜臻,张茂省,冯立,等. 鄂尔多斯盆地煤炭采动的生态系统响应机制研究现状与展望[J]. 西北地质,2023,56(3):78-88.
[15] 赵伟玲,唐立强,李晓明,等. 河北省地下水水位降落漏斗划分关键问题分析[J]. 中国水利,2023(23):34-37.
[16] 李毅. 某近湖露天矿区地下水流特征及开采控水措施研究[D]. 徐州:中国矿业大学,2022.
[17] 赵飞,岳庆,赵萌阳. 基于 GMS 的潮白河流域三河段地下水数值模拟[J]. 河北环境工程学院学报,2021,31(6):58-63.
[18] 陈凯. 淖毛湖矿区开采对周边地下水流场影响研究[D]. 西安:长安大学,2021.
[19] 张福然,尤传誉,陆榕彬,等. GMS 在地下水流场预测中的应用研究[J]. 东北水利水电,2021,39(2):27-29,72.
[20] 马俊鹏,赵春虎,胡东祥,等. 榆神矿区中深部煤层开采顶板涌水模式分析[J]. 干旱区资源与环境,2024,38(3):104-111.
[21] 范立民,马雄德,吴群英,等. 保水采煤技术规范的技术要点分析[J]. 煤炭科学技术,2020,48(9):81-87.
[22] 平新雨. 土体潜蚀体变的细观机理研究[D]. 保定:河北大学,2023.

第5章 水-土壤-植被系统重金属时空分布特征

5.1 不同水体化学组分特征和重金属含量数理统计

5.1.1 水体化学组分特征

为明晰矿区不同水体的水化学特征以及变化规律，将不同水体在丰水期和枯水期的各水化学指标绘制成箱体图(见图5-1)。图5-1直观表述了各水化学指标的变化规律。

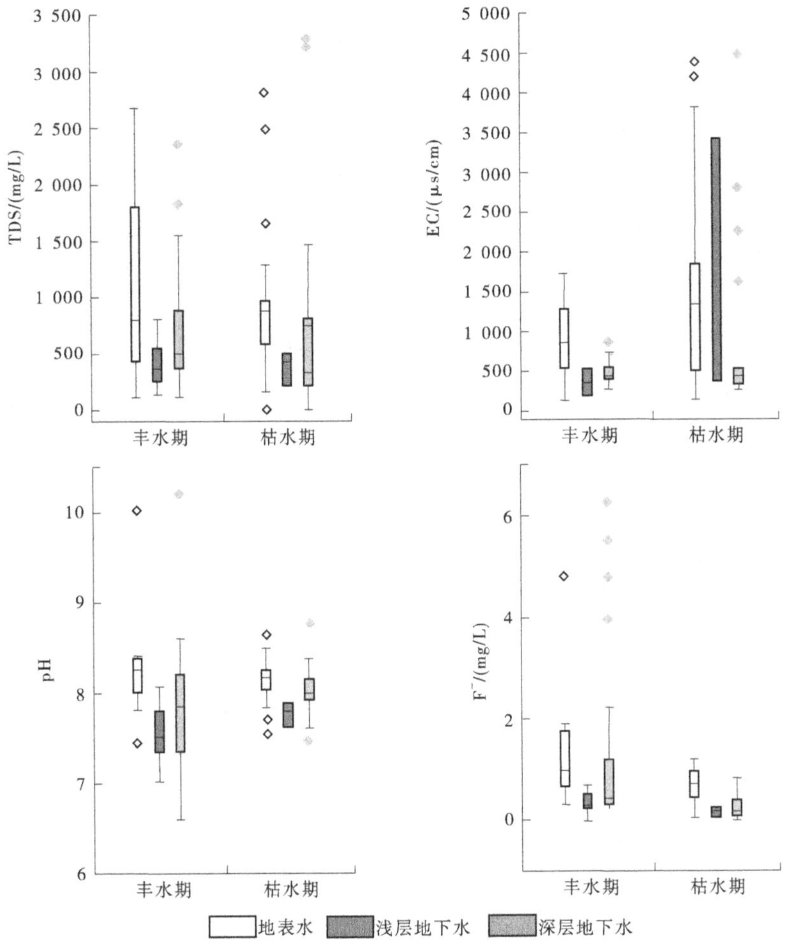

图5-1 不同水体在丰水期和枯水期的各水化学指标

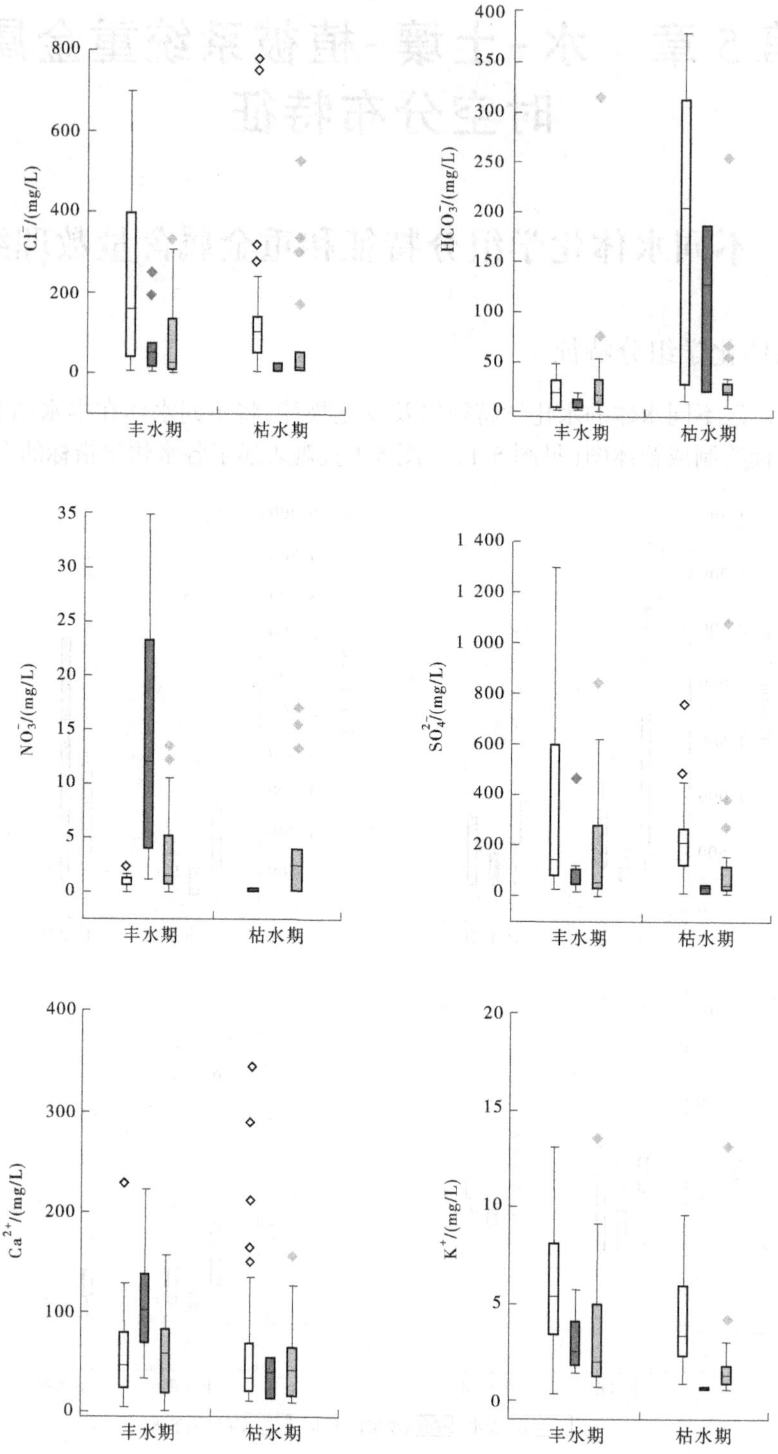

续图 5-1

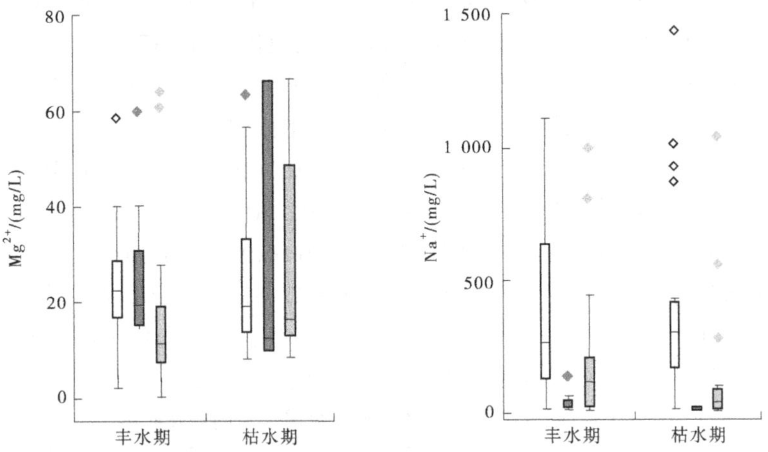

续图 5-1

结果显示，各水体在丰、枯水期整体呈现出碱性，丰水期地表水的 pH 为 7.46～10.04，平均值为 8.28；枯水期地表水的 pH 为 7.55～8.65，平均值为 8.14；丰水期浅层地下水的 pH 为 7.02～8.08，平均值为 7.56；枯水期浅层地下水的 pH 为 7.62～7.89，平均值为 7.77；丰水期深层地下水的 pH 为 6.61～10.21，平均值为 7.89；枯水期深层地下水的 pH 为 7.48～8.77，平均值为 8.02。丰水期地表水、浅层地下水以及深层地下水的 TDS 值分别是 112.00～4 116.00 mg/L（平均值 853.85 mg/L）、141.00～806.00 mg/L（平均值 156.36 mg/L）以及 114.92～2 361.05 mg/L（平均值为 405.89 mg/L）。枯水期地表水、浅层地下水以及深层地下水的 TDS 值分别是 166.00～2 810.00 mg/L（平均值 499.34 mg/L）、213.00～498.00 mg/L（平均值 379 mg/L）以及 176.00～3 289.95 mg/L（平均值为 666.08 mg/L）。

在丰、枯水期中，不同水体的各阴阳离子质量浓度占比不同（图 5-1）。丰水期中，地表水、浅层地下水与深层地下水中阴离子含量顺序为：$SO_4^{2-}>Cl^->HCO_3^->NO_3^-$，其中 SO_4^{2-} 占浅层地下水中阴离子总量的 51.27%，深层地下水中占 59.40%，地表水中则占 62.42%，表明三种水体均与采煤加速了黄铁矿氧化有关。地表水与深层地下水中阳离子含量的顺序为：$Na^+>Ca^{2+}>Mg^{2+}>K^+$，浅层地下水的阳离子含量顺序为：$Ca^{2+}>Na^+>Mg^{2+}>K^+$，地表水中 Na^+ 占阳离子总量的 80.49%，深层地下水中 Na^+ 占总阳离子的 70.92%，浅层地下水中 Ca^{2+} 占阳离子总量的 60.21%；枯水期，地表水阴离子含量顺序为：$SO_4^{2-}>HCO_3^->Cl^->NO_3^-$，浅层地下水中阴离子含量的顺序为：$SO_4^{2-}>Cl^->NO_3^->HCO_3^-$，浅层地下水水位埋深较浅，化学组分受人为活动影响较大，少量样品中检测出高浓度 NO_3^-。深层地下水中阳离子含量顺序为：$Ca^{2+}>Mg^{2+}>Na^+>K^+$，在地表水中 Na^+ 占阳离子总量的 78.47%，深层地下水中 Na^+ 占阳离子总量的 55.13%，浅层地下水中 Ca^{2+} 占阳离子总量的 43.72%，主要来源于碳酸岩矿物溶解。

5.1.2　重金属含量特征分析

研究区内不同水体的 6 种重金属元素（Cu、Zn、Cd、Pb、Cr 和 As）的理化参数见表 5-1。

对三种不同水体的描述性统计显示，地表水中 Cu 的变化范围是 0.006～8 206.00 μg/L，Zn 的变化范围是:0.004～1 643.33 μg/L，Cd 的变化范围是 0.017～164.08 μg/L，Pb 的变化范围是 0.002～1 224.52 μg/L，Cr 的变化范围是 0.504～2 833.33 μg/L，As 的变化范围是 0.147～222.22 μg/L；浅层地下水中 Cu 的变化范围是 14.826～6 676.67 μg/L，Zn 的变化范围是 0.016～2 798.00 μg/L，Cd 的变化范围是 0.145～54.83 μg/L，Pb 的变化范围是 0.655～130.00 μg/L，Cr 的变化范围是 0.419～2 790.00 μg/L，As 的变化范围是 1.918～18.10 μg/L；深层地下水中 Cu 的变化范围是 0.001～20 816.67 μg/L，Zn 的变化范围是 0.000 1～4 330.00 μg/L，Cd 的变化范围是 0.001～37.57 μg/L，Pb 的变化范围是 0.001～206.43 μg/L，Cr 的变化范围是 0.049～7 053.33 μg/L，As 的变化范围是 0.080～111.20 μg/L。可以看出浅层地下水和深层地下水中 Cd 的浓度变化范围不大。

表 5-1　研究区不同水体 6 种重金属元素的理化参数

类别	统计特征	最大值/(μg/L)	最小值/(μg/L)	标准差/(μg/L)	平均值/(μg/L)	变异系数
地表水	Cu	8 206.00	0.006	1 466.69	444.81	3.30
	Zn	1 643.33	0.004	559.00	272.21	2.05
	Cd	164.08	0.017	46.89	34.97	1.34
	Pb	1 224.52	0.002	210.10	56.39	3.73
	Cr	2 833.33	0.504	679.13	314.25	2.16
	As	222.22	0.147	85.99	94.75	0.91
浅层地下水	Cu	6 676.67	14.826	2 349.13	1 774.51	1.32
	Zn	2 798.00	0.016	1 024.02	878.16	1.17
	Cd	54.83	0.145	19.08	13.73	1.39
	Pb	130.00	0.655	45.13	34.04	1.33
	Cr	2 790.00	0.419	1 042.05	941.56	1.11
	As	18.10	1.918	6.34	8.47	0.75
深层地下水	Cu	20 816.67	0.001	5 963.94	3 512.04	1.70
	Zn	4 330.00	0.000 1	1 162.42	813.47	1.43
	Cd	37.57	0.001	8.21	4.16	1.98
	Pb	206.43	0.001	46.59	20.71	2.25
	Cr	7 053.33	0.049	1 577.07	1 211.70	1.30
	As	111.20	0.080	27.22	13.48	2.02

三种水体的重金属浓度的平均值大小顺序分别为：Cu>Cr>Zn>As>Pb>Cd、Cu>Cr>Zn>Pb>Cd>As、Cu>Cr>Zn>Pb>As>Cd。在浅层地下水以及深层地下水中，Cu、Pb 和 Cr 三种重金属的平均值均超过《地下水质量标准》（GB/T 14848—2017）规定的三类水的限值。其中，Cr 的超标率最高（42.11%），Cu 的超标率为 36.84%，Pb 的超标率为 23.68%，推测可能是由于工业生产造成 Pb 浸入土壤，使得含 Pb 废水下渗。朱水等研究发现重金属在土壤-地下水系统中存在明显的纵向迁移。变异系数可以反映数据的离散程度，变异系数越大，离散程度越高。地表水与深层地下水中 As 的变异系数值最小，说明二者中 As 的浓度分布较为稳定，三种水体中 Pb 的变异系数最大，说明其离散程度最高，局部富集程度最高。

5.1.3　不同水体时空分布特征

对研究区丰、枯水期内不同水体化学组分及重金属进行空间插值分析，明晰研究区的不同元素的形成和时空分布规律。受采煤驱动影响，研究区内浅层地下水枯水期水量较少，采集的水样点不能全面阐述研究区的整体状况，故不对浅层地下水做具体分析。

图 5-2 为研究区丰、枯水期地表水与地下水中 pH、TDS 时空分布特征。从图中可以发现，丰、枯水期 pH 的空间插值基本一致，地表水中矿区附近 pH 较高，地下水中 pH 较高的区域主要位于矿区的西北部。TDS 在丰水期时，矿区附近浓度值高，推测原因可能是矿区附近存在可溶性矿物；枯水期地表水的高浓度 TDS 主要分布于研究区的东南侧即乌兰木伦河下游，整体来看，沿河流流向，TDS 浓度呈逐渐升高的趋势，地下水的高浓度 TDS 主要分布于矿区的东南侧，较少分布于西北侧。

从图 5-3 中可以发现，丰、枯水期地表水与地下水的电导率（EC）变化趋势基本一致，高电导率主要位于矿区附近。丰、枯两水期地下水中 F^- 浓度的时空变化幅度均稍小于地表水，在丰、枯两期深层地下水中矿区附近 F^- 浓度较高，主要是由于取样点多位于矿井周围，同时又受到地下水流场作用影响，造成高浓度 F^- 通过水流运动向四周扩散。根据深层地下水的空间分布发现，研究区西部的 F^- 浓度较低，这是由于这部分采煤活动较小，主要依靠大气降水补给，东南侧地下水的 F^- 浓度较高，且沿着乌兰木伦河流域，F^- 浓度逐渐增加，由于深层地下水循环速度较慢，水岩作用更加充分，使得深层地下水中 F^- 浓度不断升高；丰、枯水期的地表水中的高浓度 F^- 主要分布于矿区周围，受采煤活动的影响较大。

图 5-4 为研究区丰、枯水期地表水与地下水的 Ca^{2+}、Mg^{2+} 时空分布特征，反映不同水体阳离子的时空变化特征。由 Ca^{2+} 和 Mg^{2+} 的空间插值结果可知，二者浓度时空变化趋势相似程度较高。在丰、枯两水期地表水中，Ca^{2+}、Mg^{2+} 高浓度主要位于研究区的东南侧；地下水枯水期时，两种离子的高浓度主要分布于矿区附近。推测 Ca^{2+} 可能是由于方解石、白云石等矿物的溶解，Mg^{2+} 则可能是由于白云石等含镁矿物的溶解，并且受到阳离子交替吸附作用的影响。

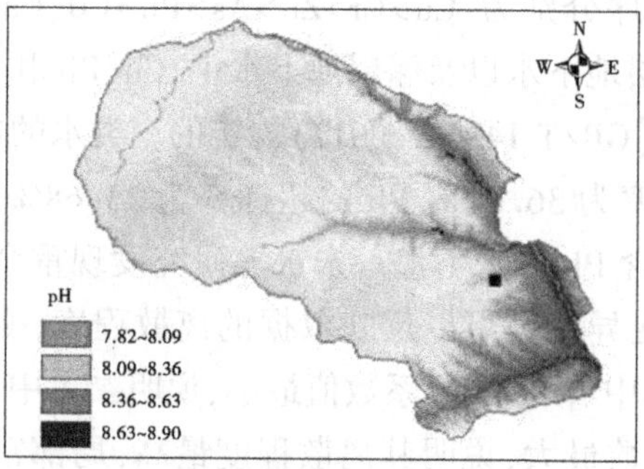

(a)丰水期地表水pH

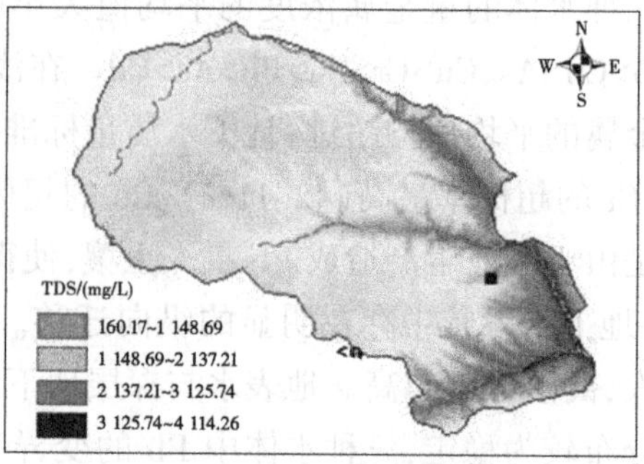

(b)丰水期地表水TDS浓度

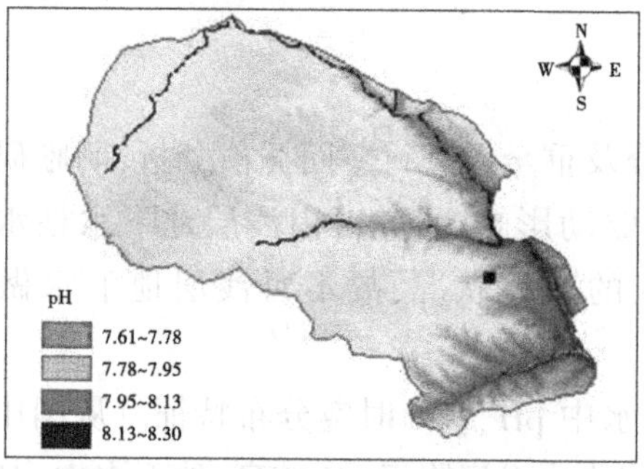

(c)枯水期地表水pH

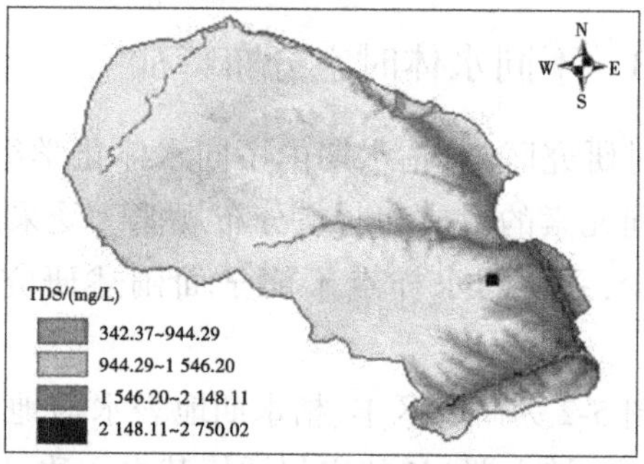

(d)枯水期地表水TDS浓度

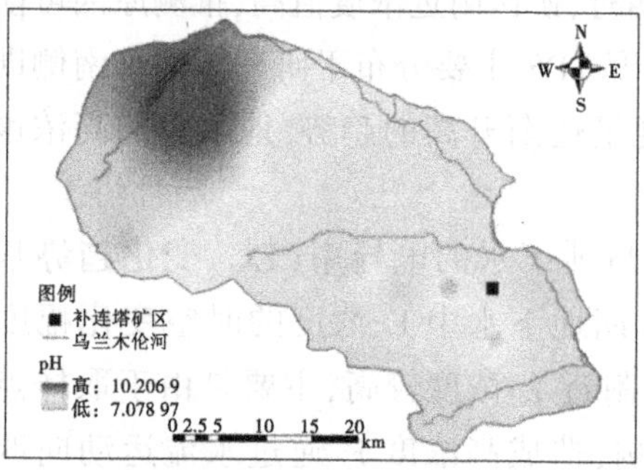

(e)丰水期地下水pH

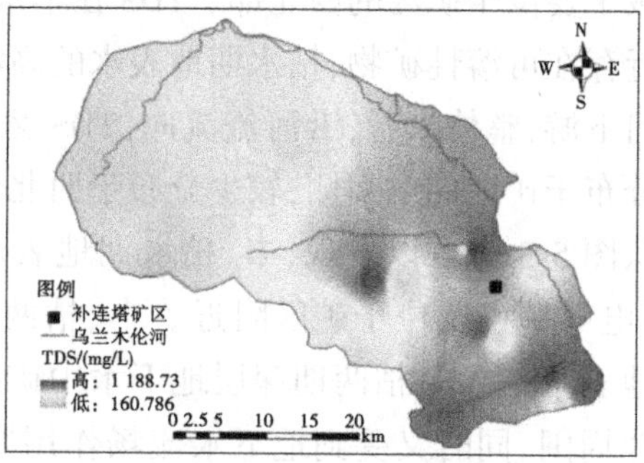

(f)丰水期地下水TDS浓度

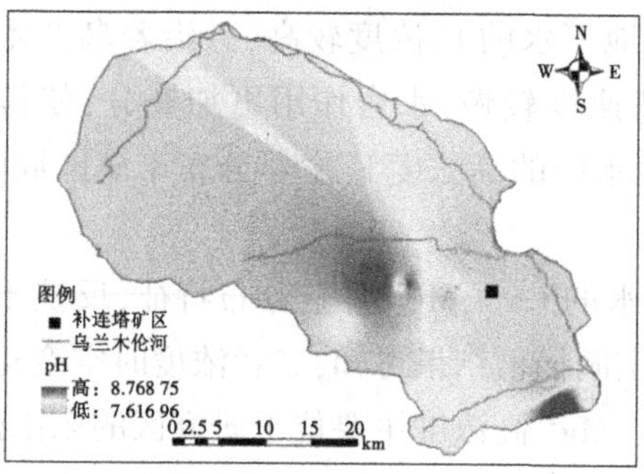

(g)枯水期地下水pH

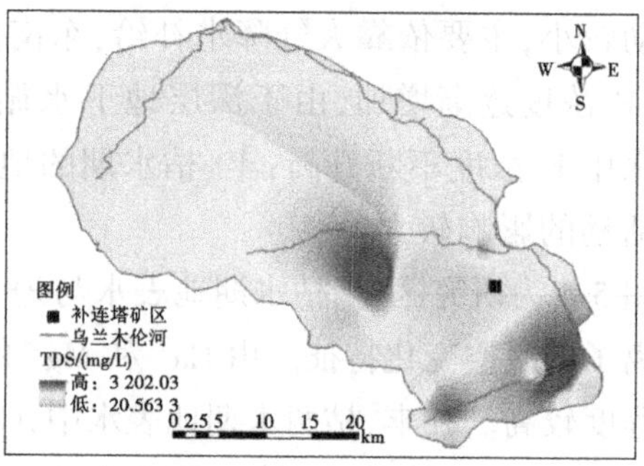

(h)枯水期地下水TDS浓度

图 5-2　研究区丰、枯水期地表水与地下水中 pH、TDS 时空分布特征

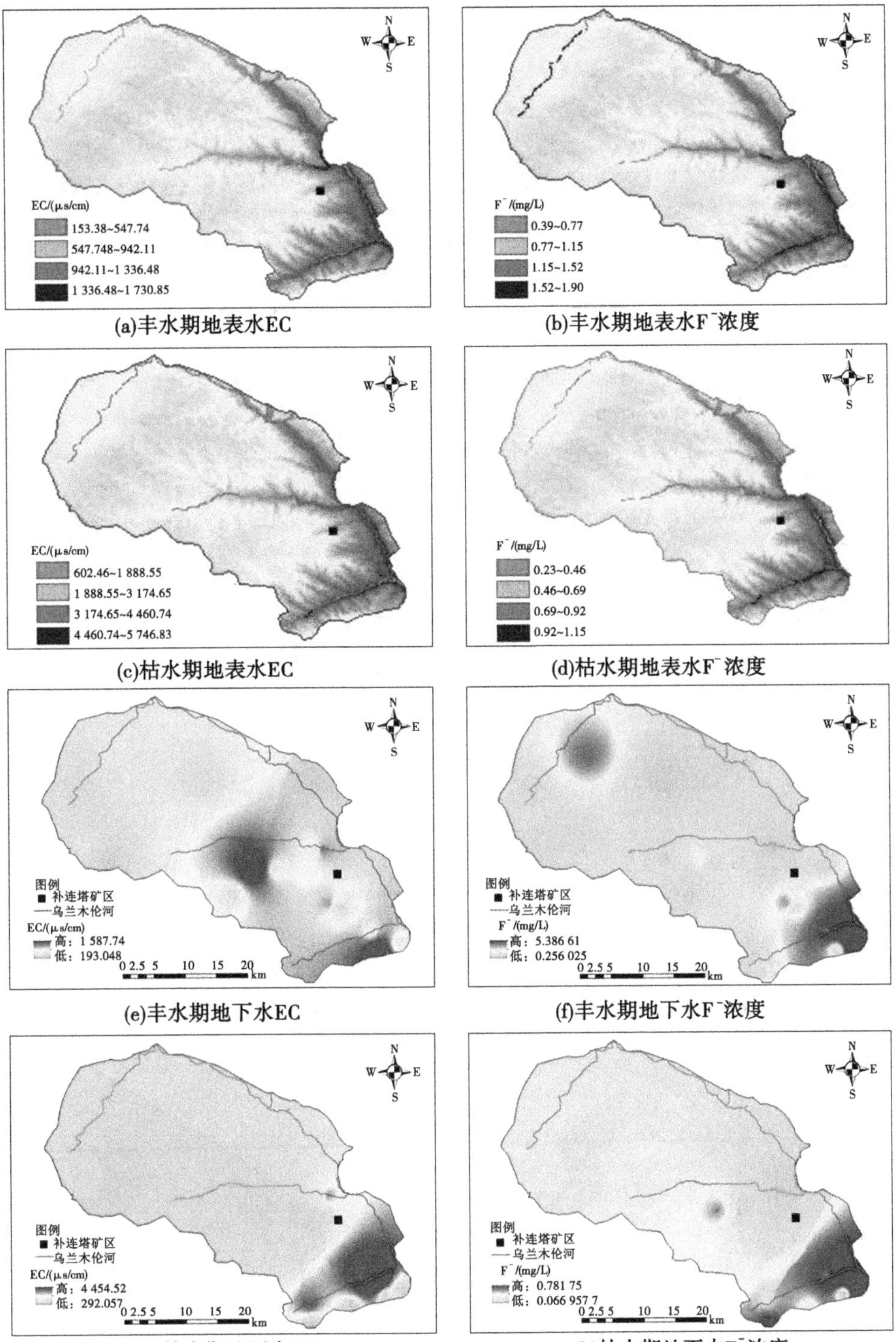

(a)丰水期地表水EC　(b)丰水期地表水F^-浓度

(c)枯水期地表水EC　(d)枯水期地表水F^-浓度

(e)丰水期地下水EC　(f)丰水期地下水F^-浓度

(g)枯水期地下水EC　(h)枯水期地下水F^-浓度

图 5-3　研究区丰、枯水期地表水与地下水的 EC、F^-时空分布特征

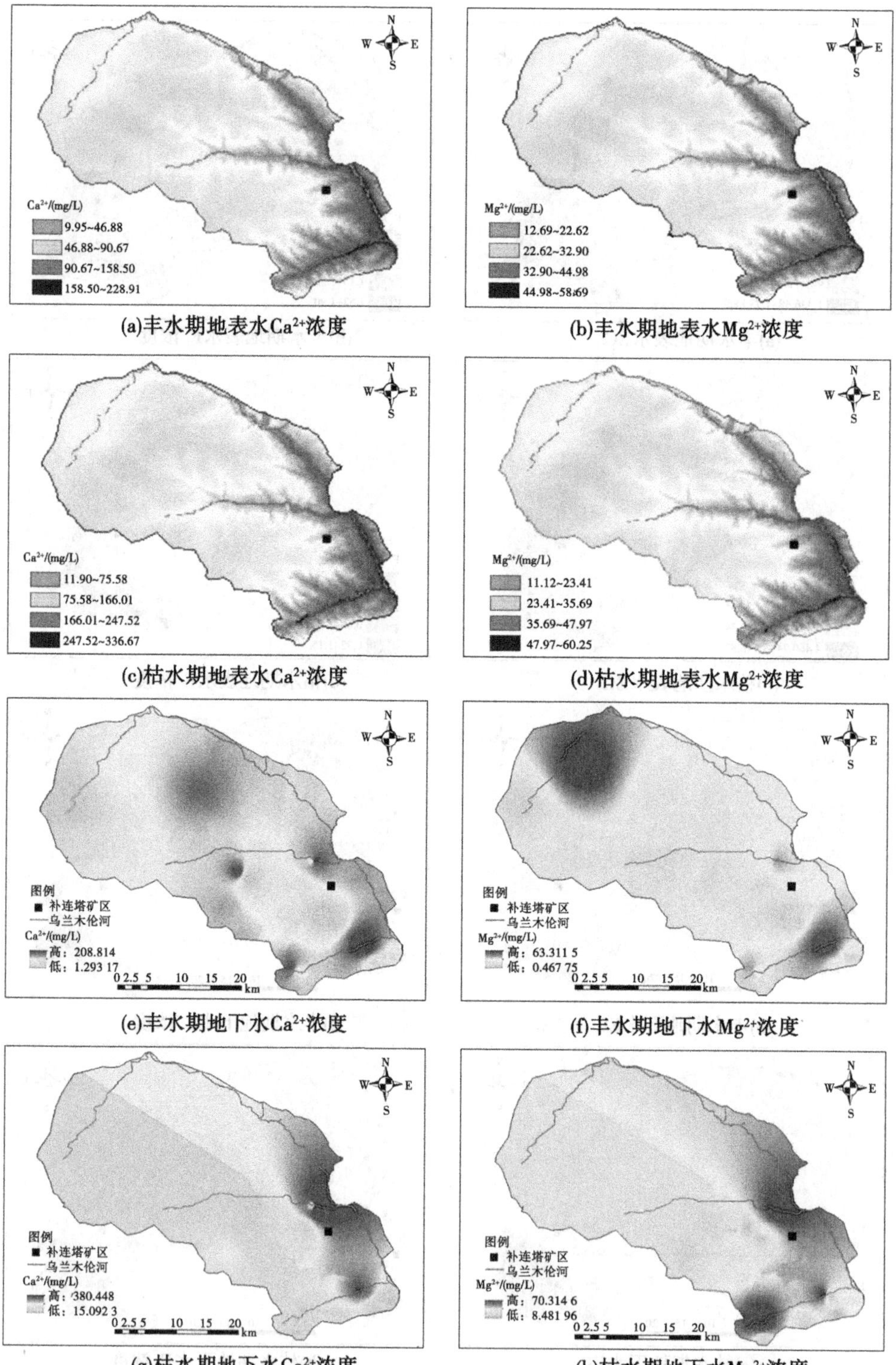

图 5-4　研究区丰、枯水期地表水与地下水的 Ca^{2+}、Mg^{2+} 时空分布特征

图 5-5 为研究区丰、枯水期地表水与地下水的 K^+、Na^+时空分布特征，由 K^+、Na^+空间插值结果可知，二者整体的时空分布较为相似。在地表水丰水期时，K^+高浓度主要位于乌兰木伦河下游，在地表水枯水期时，K^+高浓度主要分布于研究区西南侧；在地下水丰水期时，K^+高浓度主要位于研究区的西北部，在地下水枯水期时，K^+高浓度主要分布于矿区附近，推测可能是由于这些区域存在硅酸盐、硫酸盐等矿物溶解。Na^+在两种水体不同水期中，高浓度区域主要位于矿区附近，该区域人类活动影响较大。

图 5-6 为研究区丰、枯水期地表水与地下水的 Cl^-和 HCO_3^- 时空分布特征，由 Cl^-和 HCO_3^- 的插值结果可知，Cl^-在地表水中的浓度远远高于地下水，HCO_3^- 在地下水中的整体浓度稍高于地表水。在丰水期时，地下水中 Cl^-的高值出现在矿区附近，丰、枯水期的地表水以及枯水期地下水中 Cl^-的高值主要分布于研究区的东南侧。枯水期地下水中的 HCO_3^- 的浓度整体分布由西北向东南逐渐增高。高值主要分布于研究区的东南部。

图 5-7 为研究区丰、枯水期地表水与地下水的 NO_3^- 和 SO_4^{2-} 时空分布特征，由 NO_3^- 和 SO_4^{2-} 空间插值结果可知，NO_3^- 在地表水与地下水的丰、枯两水期变化差异较大。地表水丰水期中的 NO_3^- 浓度最高值主要出现在研究区的西北部，枯水期研究区东南侧 NO_3^- 浓度最低，由东南向西北逐渐增高；地下水中枯水期 NO_3^- 整体浓度相对偏高。SO_4^{2-} 浓度的变化趋势与前述阳离子中 Ca^{2+}、Mg^{2+}的变化趋势极为相似，浓度高值依旧主要分布于研究区东南部，推测可能是溶滤作用导致。

图 5-8 为研究区丰、枯水期地表水与地下水的 Cr、Cu 时空分布特征。Cr 和 Cu 在地表水和地下水的丰水期时，整体浓度远高于枯水期。丰水期地下水中的 Cr 由东南向西北逐渐增高。由于 Cu 在自然界中通常以一价及二价的状态存在，且一价的 Cu 不稳定，通常会受到氧化还原的影响。地下水和地表水的枯水期水样点中高浓度 Cu 主要分布于矿区附近，推测主要原因可能是受采矿作用影响。

图 5-9 为研究区丰、枯水期地表水与地下水的 Pb、Zn 时空分布特征，图 5-10 为研究区丰、枯水期地表水与地下水的 As、Cd 时空分布特征。Pb 和 Zn 的浓度在丰、枯两水期不同水体中分布差异较大。高浓度 Pb 在两种不同水体的丰水期时，主要分布于研究区的西北部，枯水期则位于矿区附近。Zn 在地下水丰水期中的高浓度分布较为均匀，高浓度主要集中分布于研究区的西北部以及东南侧。同时 Cd 与 Zn 的化学性质较为相似，二者都有较强的亲硫性，易形成硫酸盐化合物，会随地下水流动发生迁移。在地下水以及地表水的丰、枯水期中显示，As 主要富集于矿区附近，受采煤驱动影响较大。

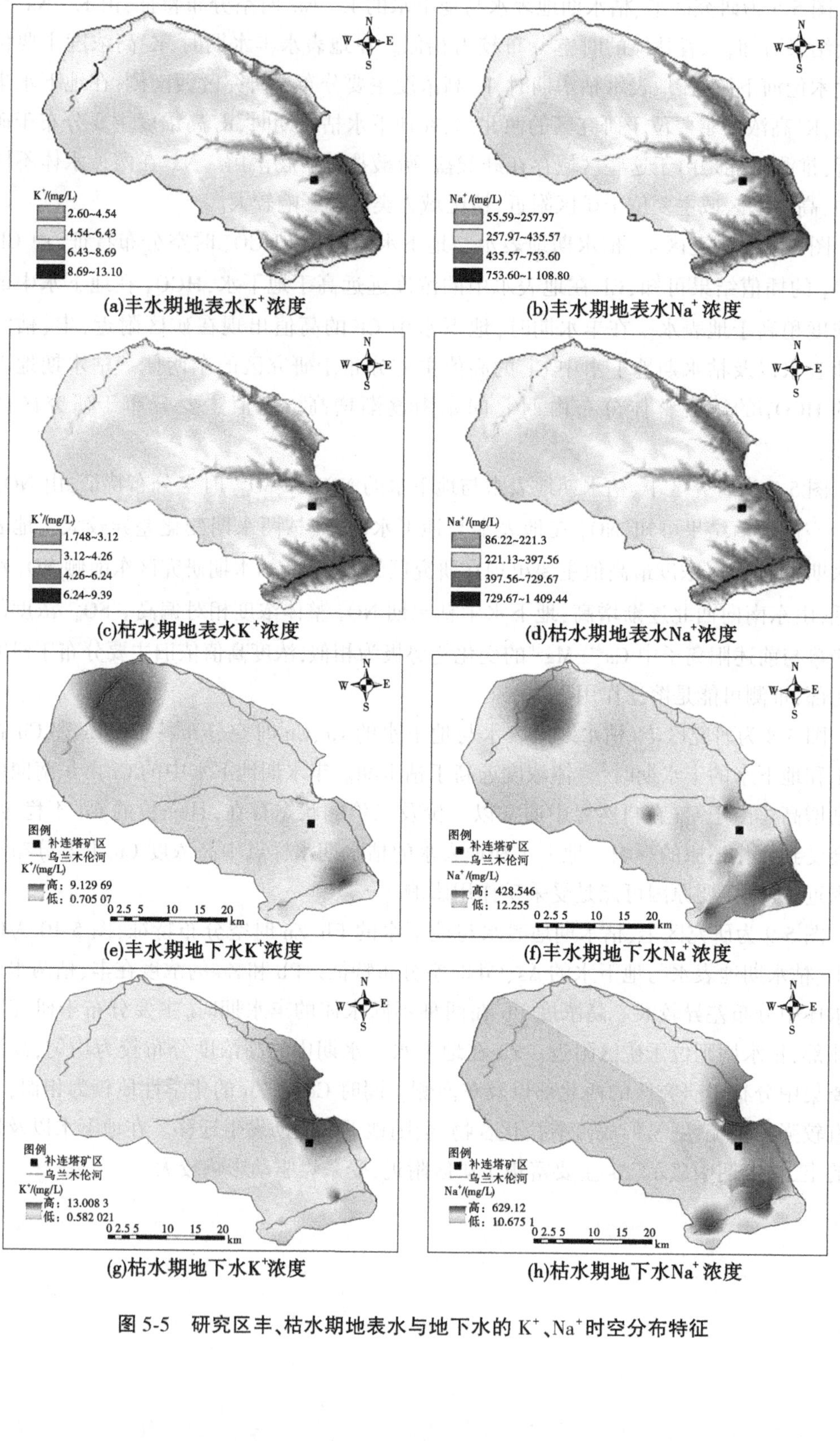

图 5-5　研究区丰、枯水期地表水与地下水的 K^+、Na^+时空分布特征

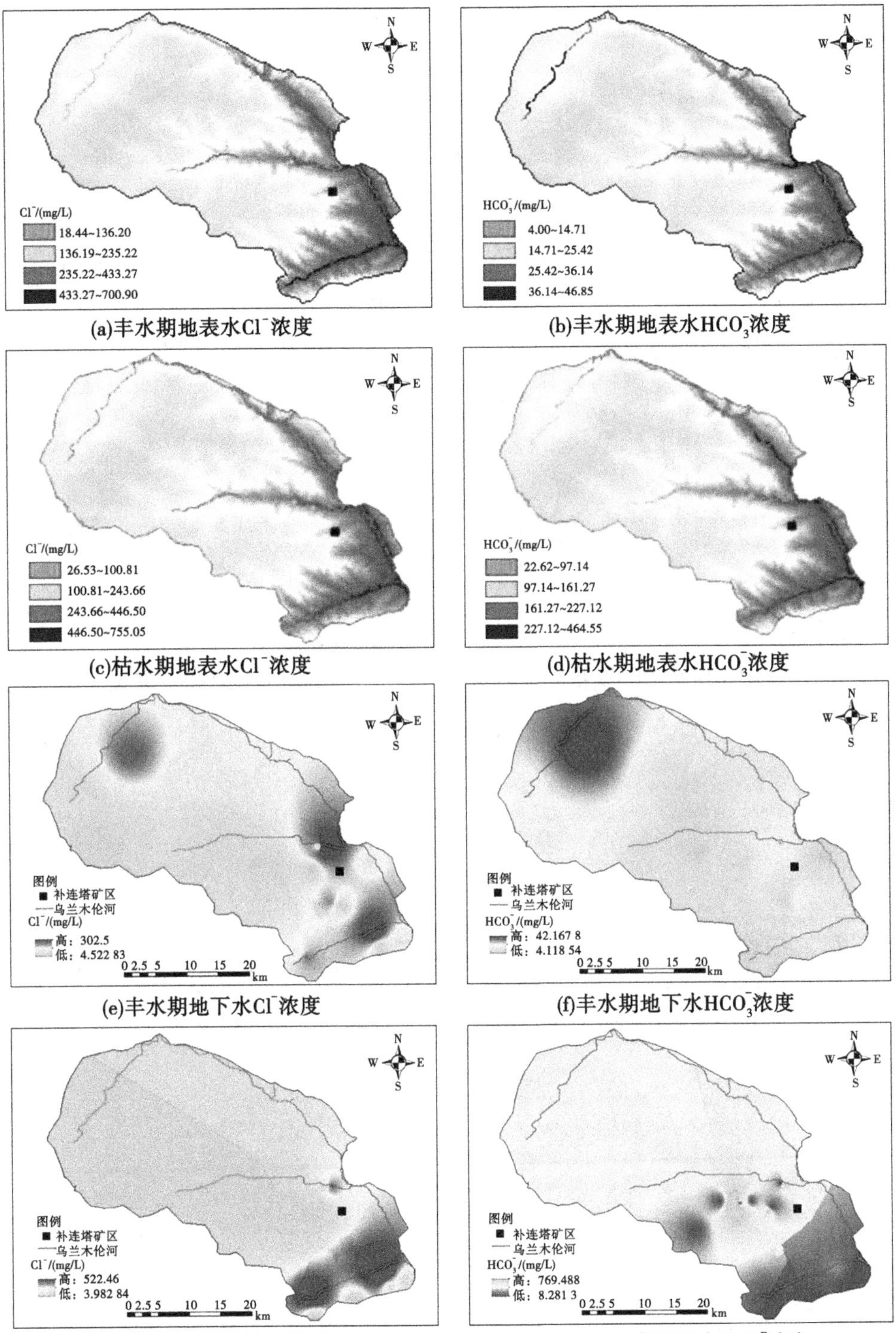

(a)丰水期地表水Cl^-浓度　(b)丰水期地表水HCO_3^-浓度

(c)枯水期地表水Cl^-浓度　(d)枯水期地表水HCO_3^-浓度

(e)丰水期地下水Cl^-浓度　(f)丰水期地下水HCO_3^-浓度

(g)枯水期地下水Cl^-浓度　(h)枯水期地下水HCO_3^-浓度

图 5-6　研究区丰、枯水期地表水与地下水的 Cl^-、HCO_3^- 时空分布特征

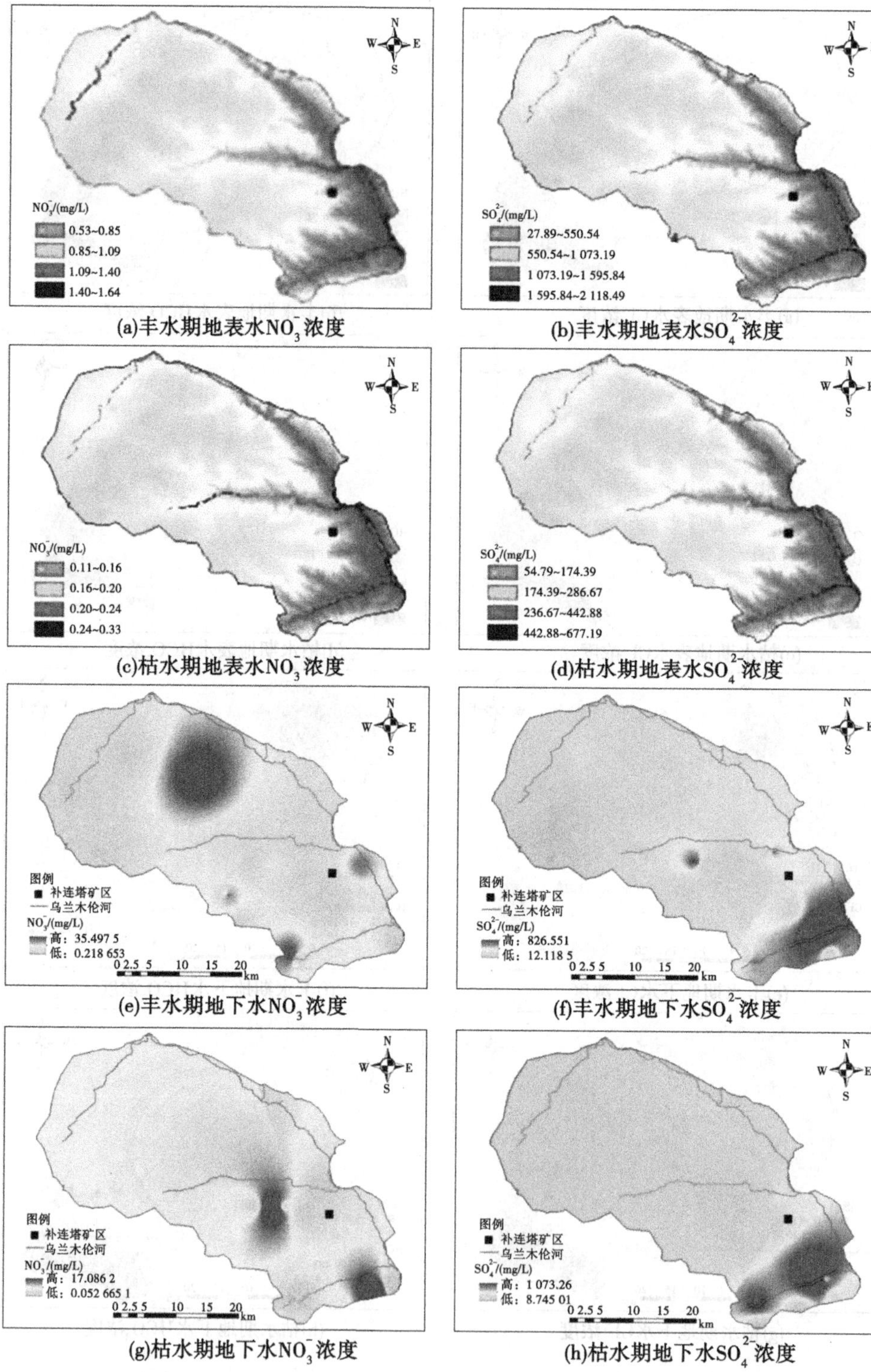

(a)丰水期地表水NO_3^-浓度　(b)丰水期地表水SO_4^{2-}浓度

(c)枯水期地表水NO_3^-浓度　(d)枯水期地表水SO_4^{2-}浓度

(e)丰水期地下水NO_3^-浓度　(f)丰水期地下水SO_4^{2-}浓度

(g)枯水期地下水NO_3^-浓度　(h)枯水期地下水SO_4^{2-}浓度

图 5-7　研究区丰、枯水期地表水与地下水的 NO_3^-、SO_4^{2-} 时空分布特征

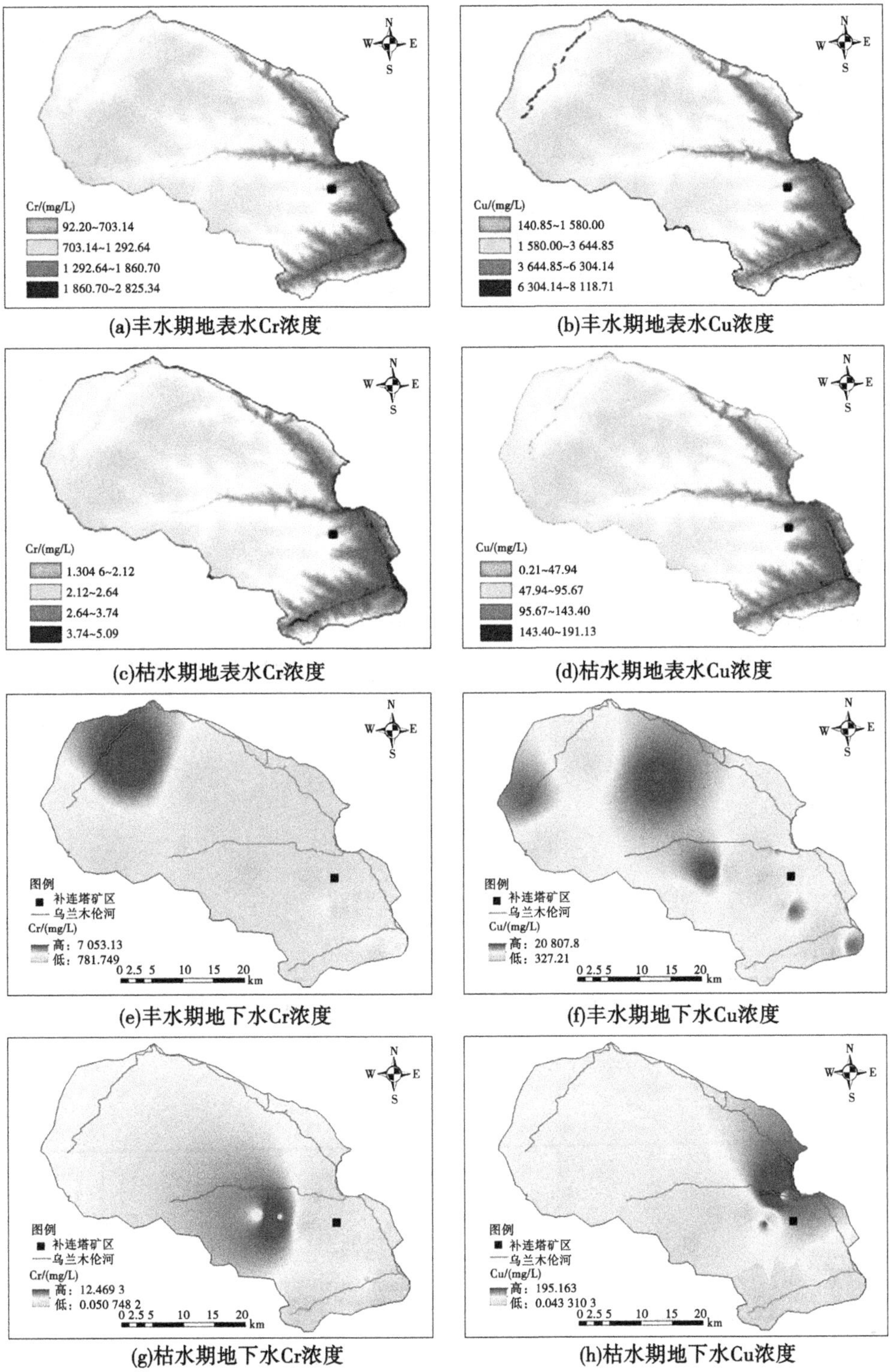

图 5-8　研究区丰、枯水期地表水与地下水的 Cr、Cu 时空分布特征

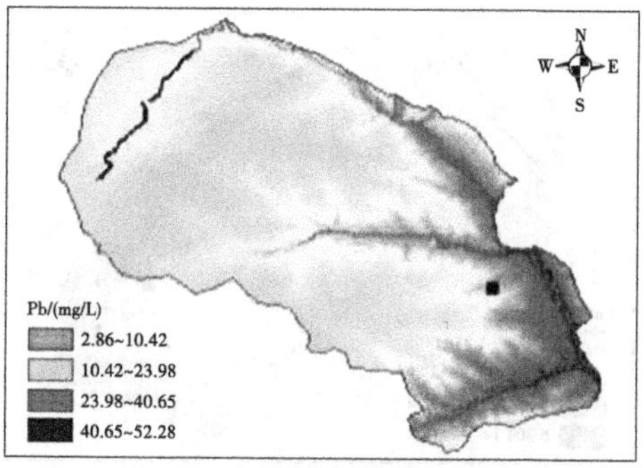

(a)丰水期地表水Pb浓度

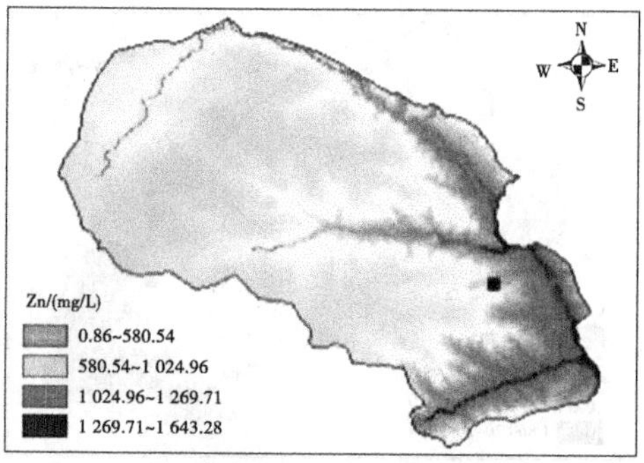

(b)丰水期地表水Zn浓度

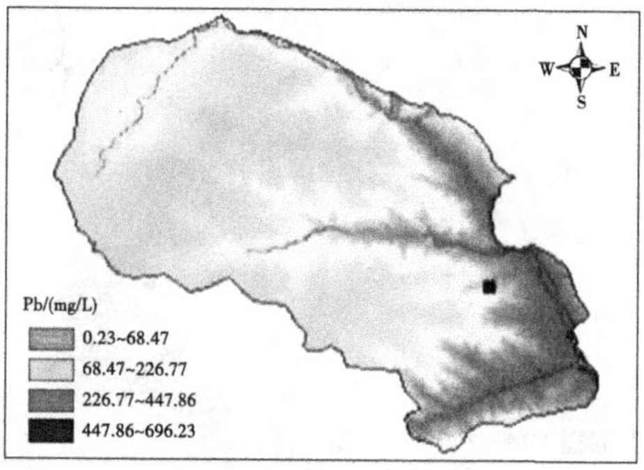

(c)枯水期地表水Pb浓度

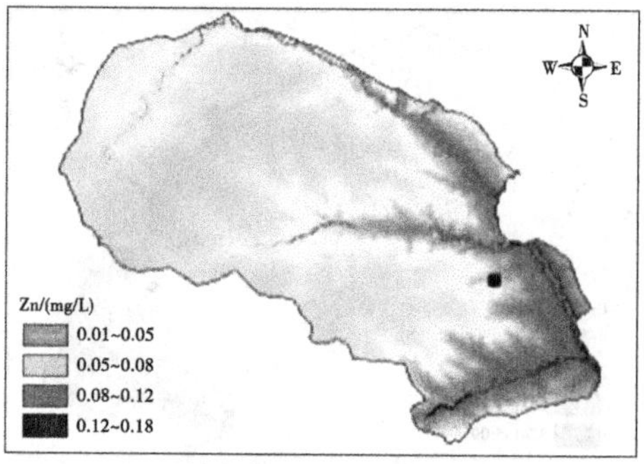

(d)枯水期地表水Zn浓度

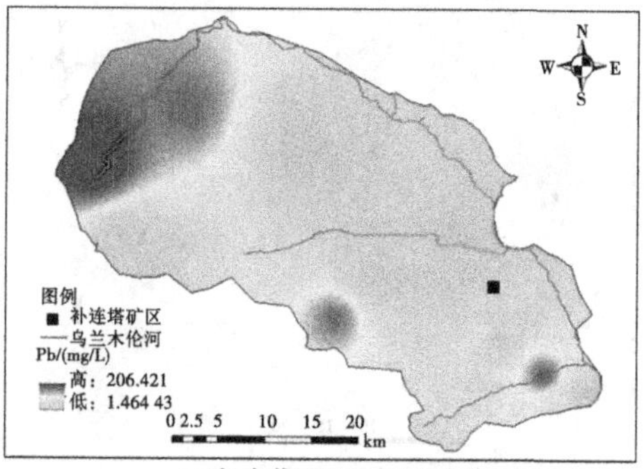

(e)丰水期地下水Pb浓度

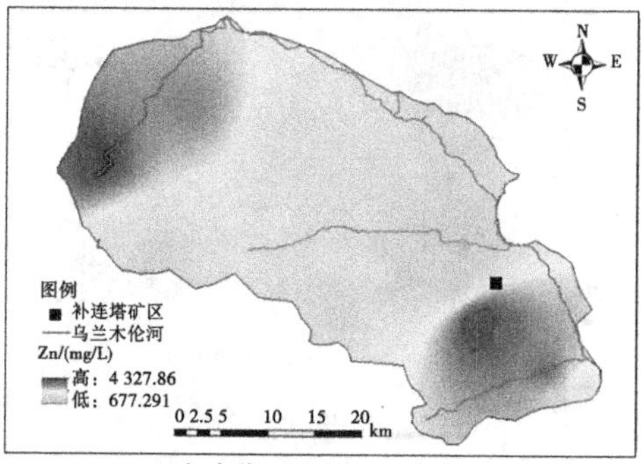

(f)丰水期地下水Zn浓度

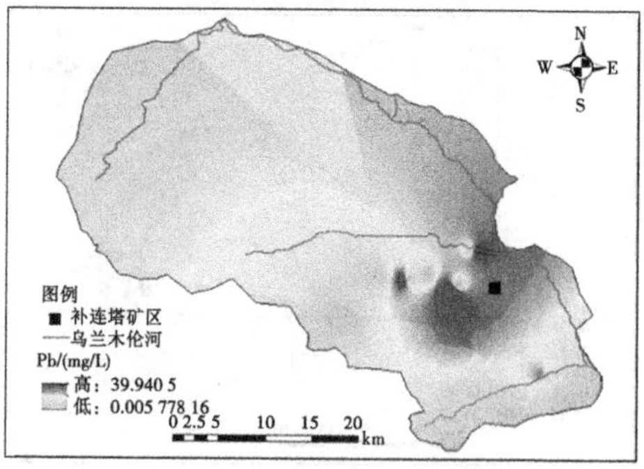

(g)枯水期地下水Pb浓度

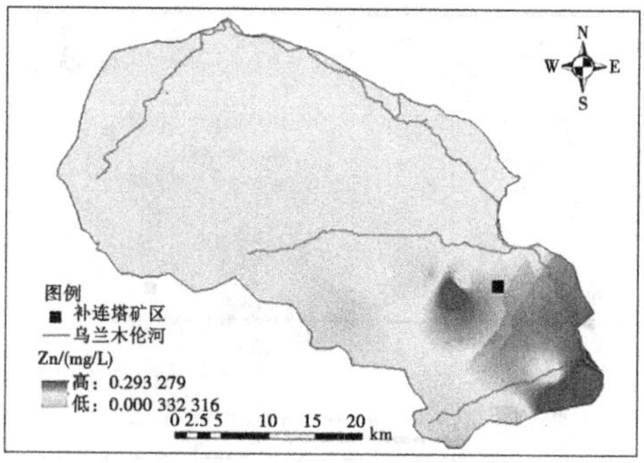

(h)枯水期地下水Zn浓度

图 5-9 研究区丰、枯水期地表水与地下水的 Pb、Zn 时空分布特征

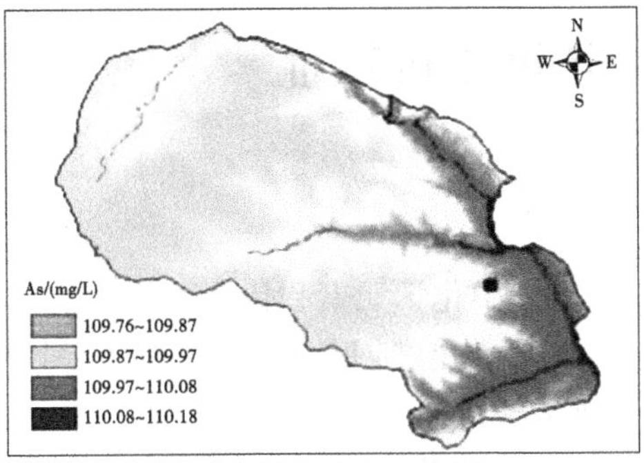

(a)丰水期地表水As浓度

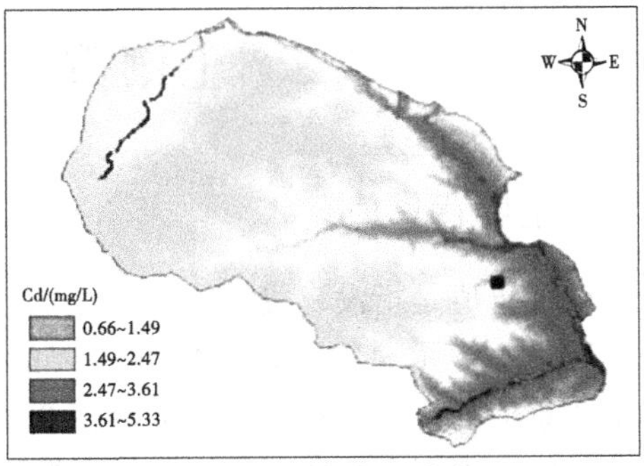

(b)丰水期地表水Cd浓度

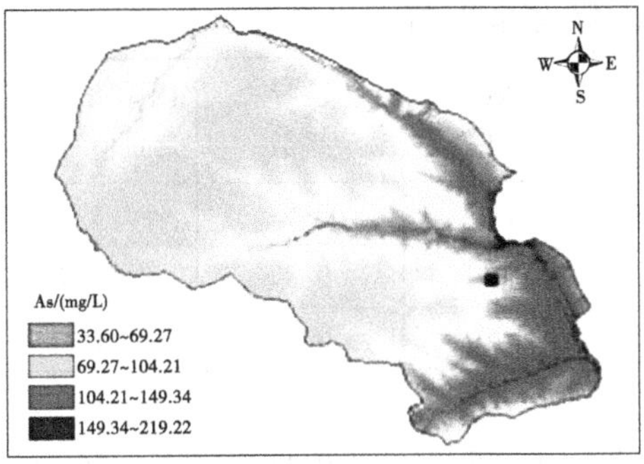

(c)枯水期地表水As浓度

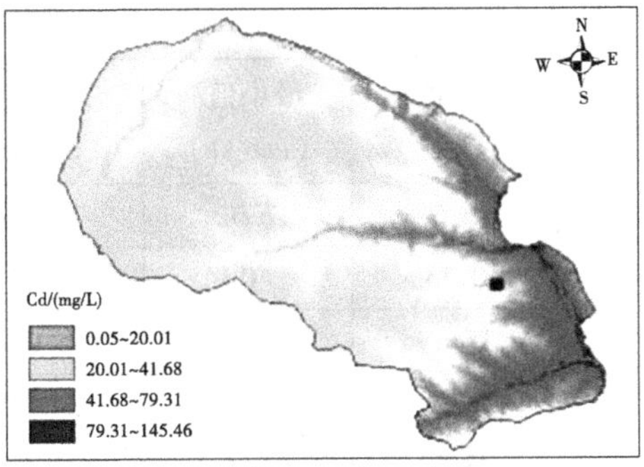

(d)枯水期地表水Cd浓度

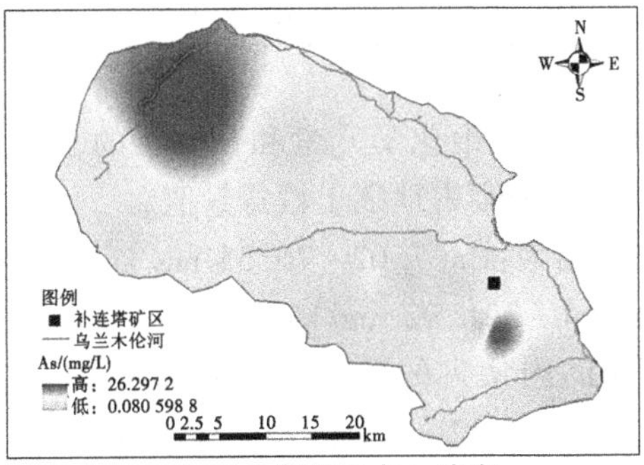

(e)丰水期地下水As浓度

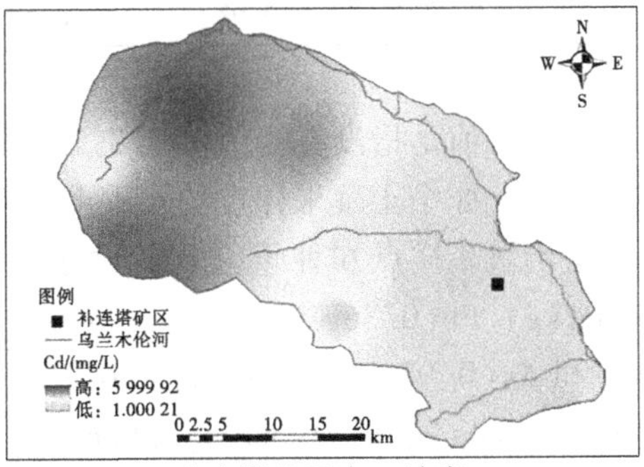

(f)丰水期地下水Cd浓度

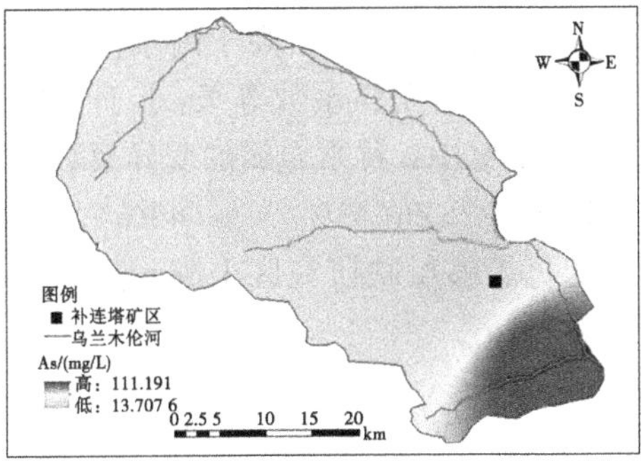

(g)枯水期地下水As浓度

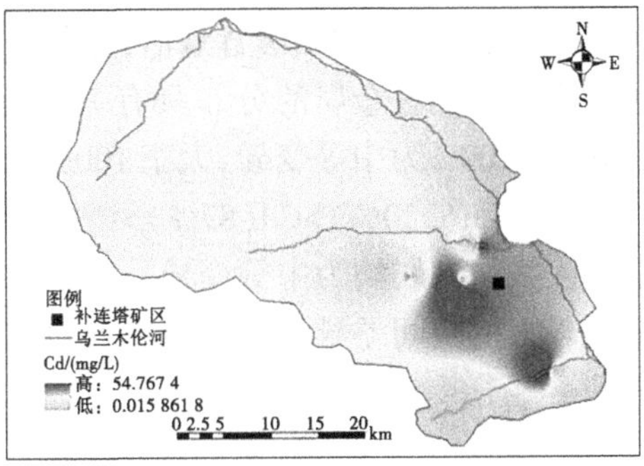

(h)枯水期地下水Cd浓度

图 5-10　研究区丰、枯水期地表水与地下水的 As、Cd 时空分布特征

5.2　土壤重金属空间分布特征

5.2.1　土壤背景值

土壤背景值是指没有受人类污染影响的自然环境中化学元素和化合物的含量。成土母质是决定土壤元素含量最基本、最重要的因素，土壤类型、地形、植被、气候等是影响土壤元素背景值的重要因素。依据研究区 98 个土壤采样点的 6 种重金属含量、内蒙古地区土壤背景值和中国土壤背景值，统计土壤重金属地球化学参数（见表 5-2）。

表 5-2　土壤重金属地球化学参数统计

指标	最大值/(mg/kg)	最小值/(mg/kg)	平均值/(mg/kg)	标准偏差/(mg/kg)	变异系数	内蒙古地区土壤背景值/(mg/kg)
Cr	76.55	7.02	22.40	11.87	0.53	39.78
Cd	0.35	0	0.07	0.06	0.87	0.05
Pb	15.19	0.36	9.66	4.70	0.49	16.80
Cu	321.92	4.64	24.10	53.14	2.20	13.92
Zn	73.82	11.41	23.99	10.25	0.43	56.61
As	6.25	0.98	2.72	1.17	0.43	6.12

土壤背景值是指没有受人类污染影响的自然环境中化学元素和化合物的含量。表 5-2 为研究区 98 个土壤采样点的 6 种重金属含量和内蒙古地区土壤背景值。

测定土壤采样点 6 种重金属的含量范围分别为：Cr（7.02～76.55 mg/kg）、Cd（0～0.35 mg/kg）、Pb（0.36～15.19 mg/kg）、Cu（4.64～321.92 mg/kg）、Zn（11.41～73.82 mg/kg）和 As（0.98～6.25 mg/kg），6 种重金属的内蒙古的背景值：39.78 mg/kg、0.05 mg/kg、16.8 mg/kg、13.92 mg/kg、56.61 mg/kg 以及 6.12 mg/kg。其中 Cd 和 Cu 的平均值均高于内蒙古土壤背景值，说明其具有明显的富集特征。由表 5-2 可知，Cr、Cd 和 Cu 的最大值均高于内蒙古土壤背景值，尤其是 Cu 元素。Zn 的最大值高于内蒙古土壤背景值，说明在空间上各金属的分布具有一定的差异性。根据变异系数等级：小于 10%为弱变异，10%～100%为中等变异，大于 100%为强变异，土壤中 6 种重金属的变异系数从大到小的顺序为：Cu（220%）>Cd（87%）>Cr（53%）>Pb（49%）>Zn（43%）= As（43%），其中，Cu 为强变异，其余金属均为中等变异。变异系数的变化能够反映研究区土壤元素含量的空间差异，较大的空间差异一般多源于人为活动影响。

5.2.2　土壤重金属空间分布

为进一步探究研究区土壤重金属累积的差异性，采用反距离插值法绘制 6 种重金属的时空分布特征（见图 5-11），分析不同元素在研究区的整体分布情况。在所有人类活动中，工业活动和农业活动是土壤重金属累积的主要影响因素。由图 5-11 可见，Pb 与 Cr

空间分布整体具有一定的相似度，高值主要分布于沿乌兰木伦河附近，整体表现为东北部与东南部高，西南部与西北部低，推测可能是周边矿区影响造成的；As 的含量空间分布表现为西部与南部高，且呈现高值区域 As 的含量均高于内蒙古地区土壤背景值；Cd 的含量高值点较为分散，主要集中于乌兰木伦河中游；Cu 元素含量整体呈现较低，局部高值较为分散；Zn 元素在研究区内出现了多个含量高值区域，主要位于研究区东南部。

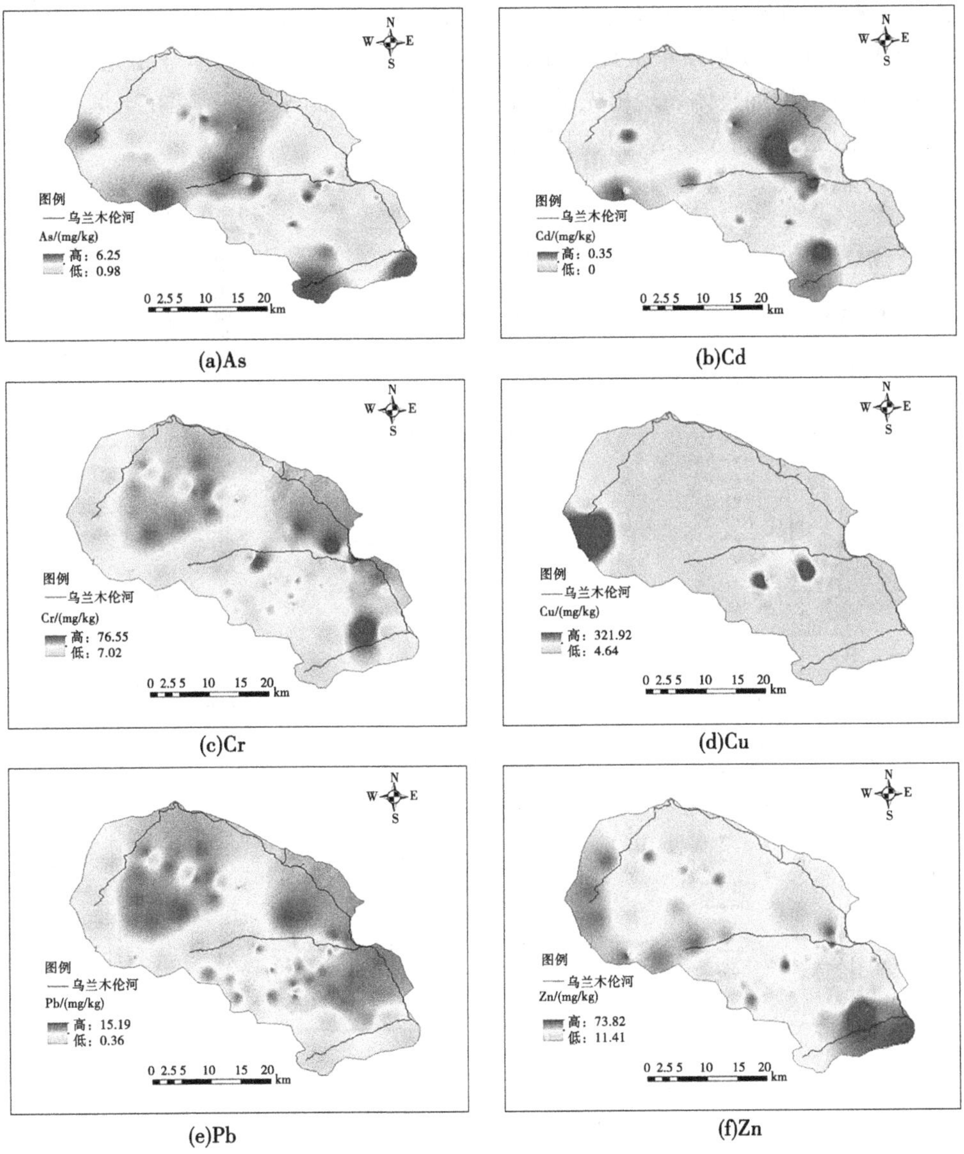

图 5-11　研究区土壤 As、Cd、Cr、Cu、Pb 和 Zn 的时空分布特征

5.2.3　土壤重金属垂向分布特征

为研究土壤重金属在研究区内垂向迁移富集特征及来源，对土壤剖面重金属含量分布特征进行分析（见图 5-12），在研究区内共布设了 11 个土壤剖面（S1～S11）。在剖面中

Cr 与 Pb 整体呈现出浓度随深度的增加而减小的趋势，两种元素均在土壤表层呈现出富集状态，推测二者主要是受人为活动影响。6 种重金属中，尤其 S10 与 S11 土壤剖面中重金属（Cr、Cu、Pb）含量具有一定的相似度，二者的 Pb 浓度均小于其他采样点 Pb 浓度，但 S10 中 As 的浓度随深度的增加而增加，S11 中 Cd 的浓度随深度的增加而增加，S10 和 S11 与其他土壤样品中重金属含量具有明显的差异性，二者的地理位置相近，均位于公路附近，受人类活动影响较大。S1 土样点位于矿区附近，与其余的采样点差异较大，表层土中 Zn 浓度较高，推测主要是由于采煤活动影响。As 的分布特征与其他金属元素有一定的差异，其随深度的增加整体表现出先增加后减小的趋势，推测这类元素在土壤中的富集，是由于受到地质背景和人类活动共同影响。

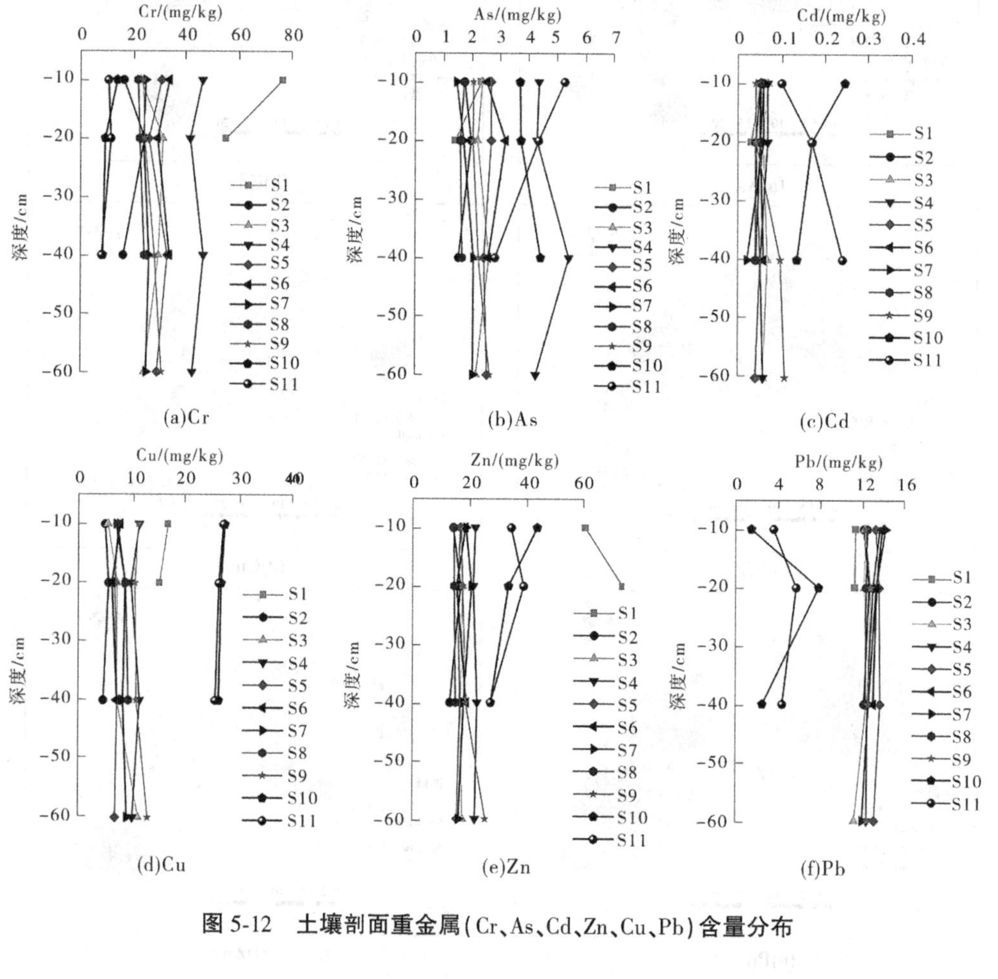

图 5-12　土壤剖面重金属（Cr、As、Cd、Zn、Cu、Pb）含量分布

5.3　植物体内重金属累积分布特征

5.3.1　玉米不同部位重金属含量

在采矿以及冶炼过程中产生大量重金属元素，对矿区植物生长产生较为显著的影响，植物形成了耐性机制,促使其能够适应特定的生长环境。为探究重金属元素的富集对植物的影响,在矿区采集了玉米样本 26 个,分别对其根、茎、叶和籽粒中 Cd、Pb、Cu、Zn、Ni、Cr 和 As 7 种重金属累积的含量进行了分析(见表 5-3)。

表 5-3　玉米不同部位重金属地球化学参数统计

部位	统计特征	Cd	Pb	Cu	Zn	Ni	Cr	As
玉米根	最大值/(mg/kg)	0.090	1.03	15.80	7.50	0.90	3.49	0.16
	最小值/(mg/kg)	0.009	0	5.33	0.41	0.11	0.32	0.04
	平均值/(mg/kg)	0.020	0.34	8.75	2.75	0.39	1.38	0.05
	标准差/(mg/kg)	0.017	0.22	3.04	2.24	0.23	0.92	0.02
	变异系数	0.838	0.64	0.35	0.82	0.59	0.67	0.43
玉米茎	最大值/(mg/kg)	0.100	3.67	40.93	11.76	15.85	6.65	0.13
	最小值/(mg/kg)	0.002	0.01	6.74	2.04	0.27	1.28	0.02
	平均值/(mg/kg)	0.016	1.13	14.92	4.79	2.88	2.59	0.08
	标准差/(mg/kg)	0.019	0.78	6.99	2.40	3.73	1.10	0.02
	变异系数	1.193	0.69	0.47	0.50	1.30	0.42	0.27
玉米叶	最大值/(mg/kg)	0.187	5.35	31.55	6.73	7.29	5.42	1.15
	最小值/(mg/kg)	0.005	0.01	6.21	0.97	0.64	1.29	0
	平均值/(mg/kg)	0.074	2.45	12.67	3.59	4.67	2.77	0.36
	标准差/(mg/kg)	0.060	1.39	4.92	1.22	1.63	0.99	0.25
	变异系数	0.815	0.57	0.39	0.34	0.35	0.36	0.69
玉米籽	最大值/(mg/kg)	0.009	0.40	7.22	6.51	0.63	2.91	0.08
	最小值/(mg/kg)	0.001	0	4.22	2.10	0.03	0.95	0.03
	平均值/(mg/kg)	0.004	0.12	5.11	3.79	0.20	1.68	0.04
	标准差/(mg/kg)	0.002	0.11	0.68	1.12	0.14	0.46	0.01
	变异系数	0.547	0.90	0.13	0.30	0.68	0.28	0.32

表 5-3 列出了玉米植株各部位重金属分布情况。由表 5-3 可知,在玉米植株根部、茎部、叶部和籽粒中,Cd 含量的平均值分别为:0.020 mg/kg、0.016 mg/kg、0.074 mg/kg 和 0.004 mg/kg,Cd 元素主要累积于叶部,Cd 在玉米植株各部位含量分布:叶部>根部>茎部>籽粒。Pb 于根部、茎部、叶部和籽粒中含量的均值依次是:0.34 mg/kg、1.13 mg/kg、2.45 mg/kg 和 0.12 mg/kg,Pb 元素主要累积于叶部。除 Cd 和 Pb 外,Ni、Cr 和 As 也主要富集于叶部,Cu 和 Zn 则主要富集于茎部。除 Zn 外,其余元素均在籽粒中含量累积最少。

说明玉米植株各部位的吸收能力不同。从变异系数上来看，各部位 Ni 元素的变异系数值差异较大，但其余 6 种元素变异系数值差异较小，表明这 6 种重金属在植株体内分布比较均匀。

5.3.2　玉米体内重金属累积分布特征

通过对研究区 26 个玉米植物样本中重金属含量的检测，对玉米的根、茎、叶和籽粒中不同重金属含量进行了比对分析（见图 5-13）。结果表明，As 元素在叶部含量均高于其他部位，说明玉米叶部对 As 元素的吸收能力大于根部、茎部和籽粒，Cd 元素与 Pb 元素的空间分布程度与 As 相似。Cr 元素在玉米不同部位中，含量相差较小，但在乌兰木伦河下游

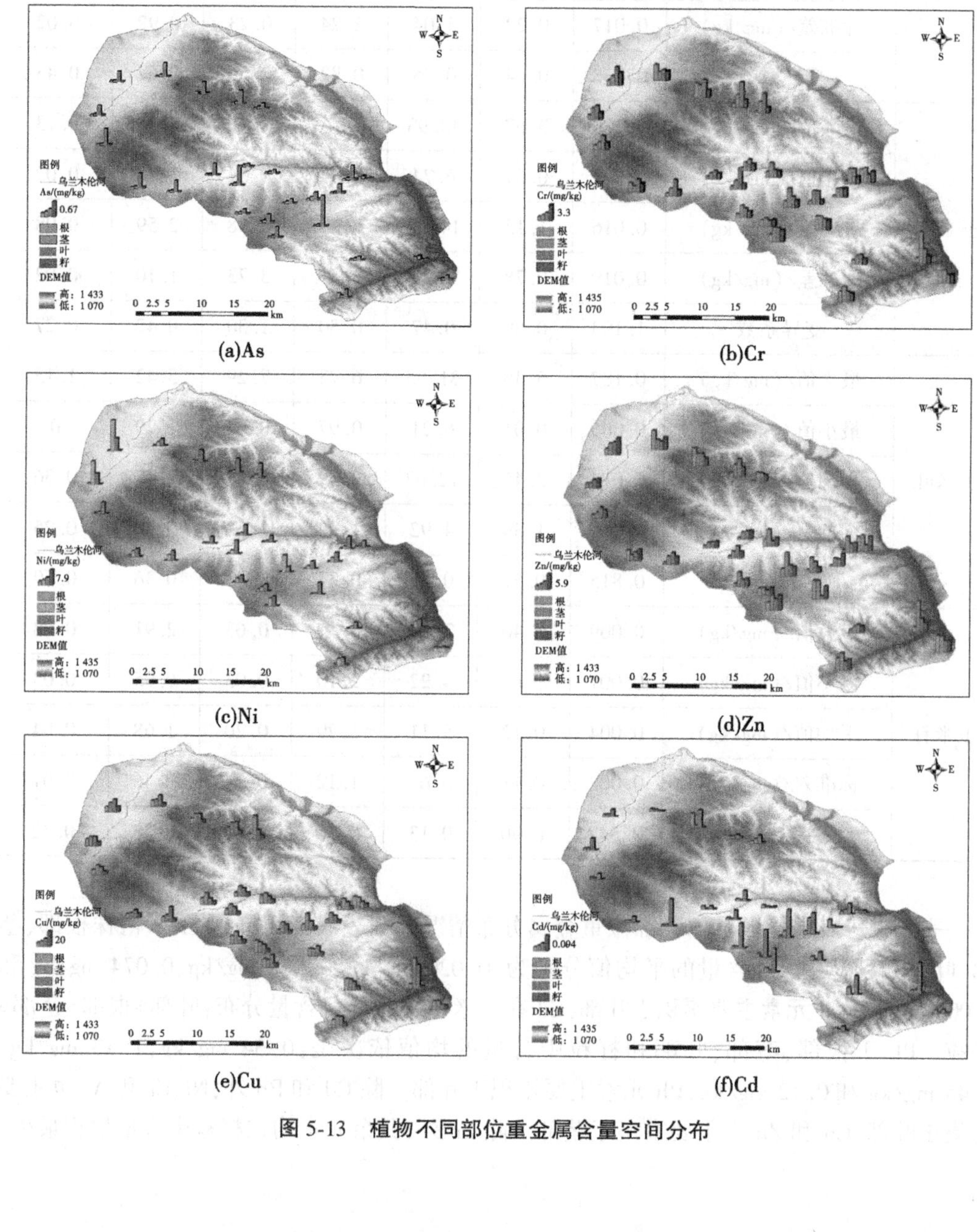

(a)As　(b)Cr

(c)Ni　(d)Zn

(e)Cu　(f)Cd

图 5-13　植物不同部位重金属含量空间分布

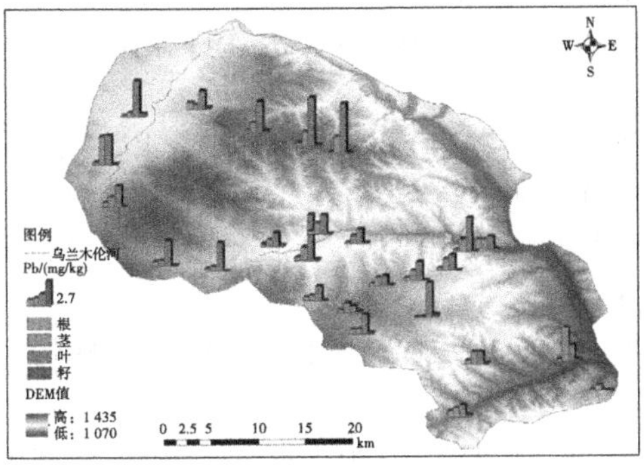

(g)Pb

续图 5-13

处玉米茎中 Cr 的富集程度较高,在距离矿区较远的位置,Cr 元素主要富集于玉米叶部。同时其在玉米籽粒中富集程度也较高。Ni 在研究区中,整体分布差异较大,高值主要分布于叶部,少量样本中 Ni 富集于茎中。Zn 在玉米四个部位中,含量差异较小,距离矿区越近的位置,玉米的根、茎、籽粒的富集程度越高,Cu 与 Zn 的空间分布相似。

5.4 结　论

(1)矿区不同水体中各元素含量测定表明,丰水期中,地表水、浅层地下水与深层地下水中阴离子含量的顺序为:$SO_4^{2-}>Cl^->HCO_3^->NO_3^-$;地表水与深层地下水阳离子含量的顺序为:$Na^+>Ca^{2+}>Mg^{2+}>K^+$,浅层地下水的阳离子含量顺序为:$Ca^{2+}>Na^+>Mg^{2+}>K^+$,三种水体的重金属浓度的平均值大小顺序为:Cu>Cr>Zn>Pb>As>Cd。根据不同水体中的元素空间分布规律发现,采煤活动对研究区水体影响较大。

(2)测定矿区土壤中重金属指标发现,Cu 为强变异,其余重金属为中等变异。根据土壤重金属在垂向分布的特征发现,As 的分布特征与其他金属元素有一定的差异,随深度的增加整体表现出先增加后减小的趋势,推测这类元素在土壤中的富集是由于受到地质背景和人类活动共同影响。

(3)对植物中重金属的含量进行分析发现,各部位 Ni 的变异系数值差异较大,但其余 6 种元素变异系数值差异较小,表明这 6 种重金属在植株体内分布比较均匀。玉米的不同部位对 7 种重金属的吸收程度不同。

参考文献

[1] ADIMALLA N, QIAN H, LI P. Entropy water quality index and probabilistic health risk ssessmen from geochemistry of groundwaters in hard rock terrain of Nanganur County, South India[J]. Geochemistry, 2020, 80(4):125544.

[2] 艳艳,高瑞忠,刘廷玺,等. 西北盐湖流域地下水重金属的污染特征及健康风险[J]. 环境化学,2023, 42(12):4217-4228.

[3] 尹淑苹,谢玉玲,侯增谦,等.碳酸岩研究进展[J].岩石学报,2024,40(3):1003-1022.

[4] 朱水,申泽良,王媛,等.垃圾处理园区周边土壤-地下水重金属分布特征[J].中国环境科学,2021,41(9):4320-4332.

[5] 谢渊,邓国仕,刘建清,等.鄂尔多斯盆地白垩系主要含水岩组沉积岩相古地理对地下水水化学场形成和水质分布的影响[J].沉积与特提斯地质,2012,32(3):64-74.

[6] 徐娟,张冀,李玲,等.水文地球化学模拟在地下水化学成分形成过程研究中的应用[J].新疆地质,2023,41(2):284-290.

[7] 李平平,盖楠,王晓丹,等.敦煌月牙泉域地下水系统水文地球化学特征分析[J].干旱区研究,2024,41(2):240-249.

[8] 韩双宝,周殷竹,郑焰,等.银川平原地下水化学成因机制与组分来源解析[J].环境科学,2023:1-19.

[9] 周元祥,宣爱萍,黄健.A/O法处理中密度板生产废水的实验研究[J].合肥工业大学学报(自然科学版),2005(3):266-269.

[10] 段飘飘.西南地区高硫煤有害元素地球化学特征及其洗选分配规律[D].徐州:中国矿业大学,2017.

[11] 佘清.内蒙古东来地区土壤-植物-地下水系统重金属迁移规律研究[D].北京:中国地质大学(北京),2018.

[12] GAO H X, WANG K X,ZHANG Q, et al. Characteristics of soil background value in Hetao area,Inner Mongolia[J]. Geology and Resources, 2007,16(3): 209-212.

[13] 姜秋香,付强,王子龙.黑龙江省西部半干旱区土壤水分空间变异性研究[J].水土保持学报,2007,(5):118-122.

[14] 谢恩怡,姚东恒,廖宇波,等.粮食主产区耕地土壤有机碳空间分异特征及其影响因素:以河北省为例[J].环境科学,2024,1-16.

[15] 李富祥, 张春鹏, 刘敬伟, 等. 鸭绿江口湿地沉积物-上覆水重金属环境质量状况及其生态风险评价[J]. 环境污染与防治, 2018, 40(5): 592-597, 603.

[16] 马晓花,郭福生,冷成彪,等.湖南香花岭锡多金属矿田铟的赋存状态及富集规律研究[J].岩石学报,2023,39(10):3087-3106.

[17] 阎磊,范裕,黄俊,等.安徽庐枞盆地西湾铅锌矿床闪锌矿中镉的赋存状态和富集机制研究[J].岩石学报,2024,40(2):642-662.

[18] 艳艳,高瑞忠,刘廷玺,等.西北盐湖流域地下水水化学特征及控制因素[J].环境科学,2023,44(12):6767-6777.

[19] 李路,胡承孝,谭启玲,等.植物对土壤钼污染的响应及其耐钼机制研究进展[J].农业环境科学学报,2022,41(4):700-706.

[20] 魏倩倩,朱春权,黄晶,等.硫化氢调控植物重金属胁迫耐性机制研究进展[J].植物生理学报,2022,58(8):1412-1422.

第6章　水-土壤-植被系统化学归因及重金属来源解析

6.1　不同水体水化学特征归因

6.1.1　各元素指标相关性

水化学参数之间存在一定的相似性和差异性，相关性分析作为一种衡量不同变量间相关密切程度的数理统计学方法，可以直观地表明不同水化学指标两两之间的相关性程度。本节分别计算了研究区内40组地表水、14组浅层地下水以及42组深层地下水样中18项指标变量（TDS、EC、pH、F^-、Cl^-、NO_3^-、SO_4^{2-}、HCO_3^-、Ca^{2+}、K^+、Mg^{2+}、Na^+、Cu、Zn、Cd、Pb、Cr和As）之间的Pearson相关系数（r），从而区分不同水体的组分形成及变化过程中元素之间的相关关系（见图6-1）。

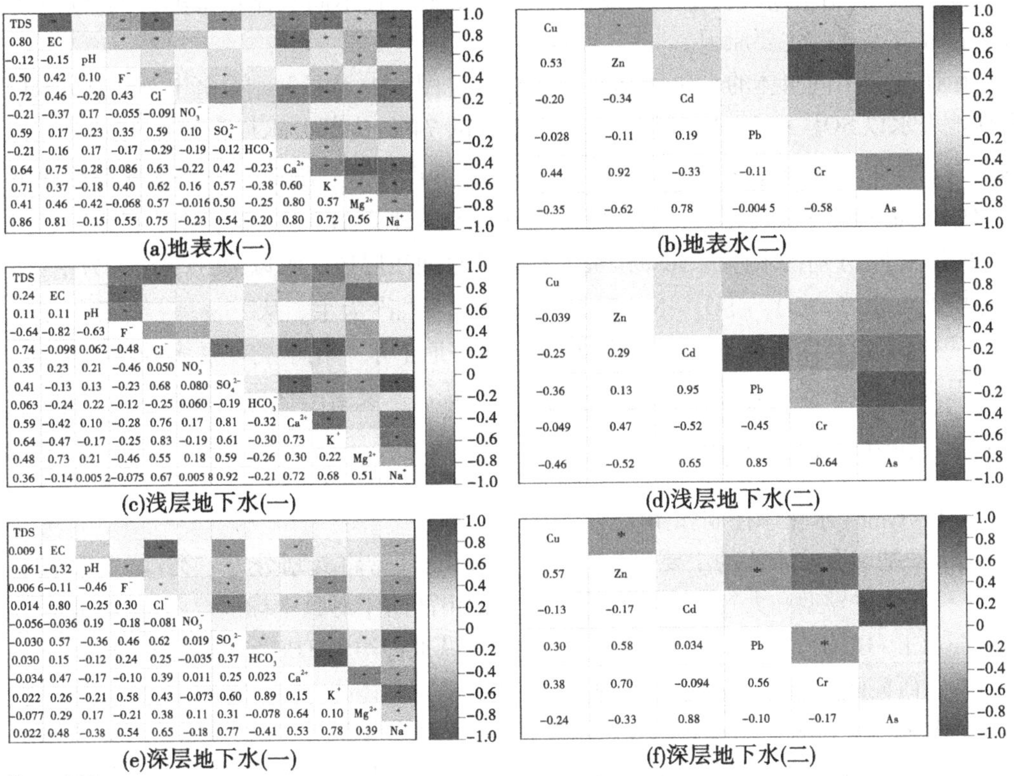

注：$p \leq 0.05$。

图6-1　地表水、浅层地下水及深层地下水中各元素之间的相关系数

地表水中Cl^-与SO_4^{2-}、Ca^{2+}、Mg^{2+}、Na^+和K^+呈现较为显著的正相关关系，相关系数分别为0.59、0.63、0.57、0.75和0.62；浅层地下水中Cl^-与SO_4^{2-}、Ca^{2+}、Mg^{2+}、Na^+和K^+具有

较为显著的正相关关系，相关系数分别为 0.68、0.76、0.55、0.67 和 0.83，F^-与 TDS、EC 和 pH 具有强烈的负相关关系；深层地下水中 Cl^-与 SO_4^{2-}、Ca^{2+}、Mg^{2+}、Na^+和 K^+呈现较为显著的正相关关系，相关系数分别为 0.62、0.39、0.38、0.65 和 0.43，表明这几种离子受 Cl^-影响较大，可能具有同源性。地表水中 SO_4^{2-} 与 K^+、Mg^{2+}和 Na^+呈现较为显著的正相关关系；浅层地下水中 SO_4^{2-} 与 K^+、Ca^{2+}和 Na^+呈现比较显著的正相关关系；而在深层地下水中 SO_4^{2-} 仅与 Na^+呈现显著正相关关系，说明地下水中局部地区岩盐矿物的溶滤作用明显。地表水中 K^+和 NO_3^- 呈一定的正相关性，而浅层地下水与深层地下水中没有这种规律，推测是因为地表水受农业影响，由氮、钾类复合化肥的使用所造成。在地表水中 Zn 和 Cr 及 Cd 与 As 具有较强的正相关关系；浅层地下水中 Pb 与 Cd 和 As 存在一定的相关性；深层地下水中 Cu 与 Cd、Pb 和 As 及 Cd 与 Pb 和 As 相关性较好。金属元素之间的相关性，揭示了采矿作用对不同水体中金属含量的影响，同时也说明这些金属元素都具有一定的同源相关性。

6.1.2 水化学类型

通过 Piper 三线图对研究区地下水化学类型展开分析，主要从地表水、浅层地下水及深层地下水丰、枯水期的水化学类型进行讨论，认识三种不同水体化学类型的异同点，并分析造成其差异的主要原因。

由研究区不同水体的水化学 Piper 三线图（见图 6-2）结果并结合舒卡列夫法可知，丰水期地表水以 $SO_4^{2-}\cdot Cl^--Na^+$型水为主，占水样的 74%，少部分水样为 $SO_4^{2-}-Ca^{2+}$型水；丰水期浅层地下水以 $SO_4^{2-}\cdot Cl^--Ca^{2+}$与 $SO_4^{2-}\cdot Cl^--Na^+\cdot Ca^{2+}$型水为主；丰水期深层地下水以 $SO_4^{2-}\cdot Cl^--Na^+$和 $SO_4^{2-}-Na^+$型水为主。枯水期地表水以 $HCO_3^-\cdot SO_4^{2-}-Na^+$和 $SO_4^{2-}\cdot Cl^--Na^+$型水为主，分别占水样的 50%和 43.75%；枯水期浅层地下水以 $HCO_3^--Ca^{2+}$为主；枯水期深层地下水以 $HCO_3^-\cdot SO_4^{2-}-Na^+$和 $HCO_3^-\cdot SO_4^{2-}-Ca^{2+}$为主。从 Piper 三线图中可以看出，浅层地下水和深层地下水分布较为集中，深层地下水水化学类型受多种离子控制，整体呈现多样性，主要是其易受采煤等人类活动干扰以及复杂的补给来源造成的。

6.1.3 水化学形成作用

6.1.3.1 Gibbs 水化学控制作用

Gibbs 基于全球水体的主要化学组分特征分析，通常将其划分为三类：蒸发浓缩主导型、岩石风化主导型和大气降水主导型。其通常由两组半对数坐标散点图构成，其横坐标为 $Cl^-/(Cl^-+HCO_3^-)$或 $Na^+/(Na^++Ca^{2+})$的比值，纵坐标均为 TDS 值，如图 6-3 所示。

基于研究区所采集的水样点，绘制丰、枯水期不同水体的 Gibbs 图，由图 6-3 可知，矿区的地下水采样点和地表水采样点几乎全部位于岩石风化主导型区域，说明岩石风化作用是矿区化学组分的主要形成机制，赵增峰等研究表明，矿区水体主要受岩石风化作用影响。同时，在图 6-3(b)中，大部分浅层地下水采样点向右偏离，推测可能是由于浅层地下水受人类活动影响显著。地表水和深层地下水有一部分水样点落入蒸发作用控制区域和水岩作用控制区域之外，说明除水岩相互作用外，二者化学组分的形成还受其他因素影响。

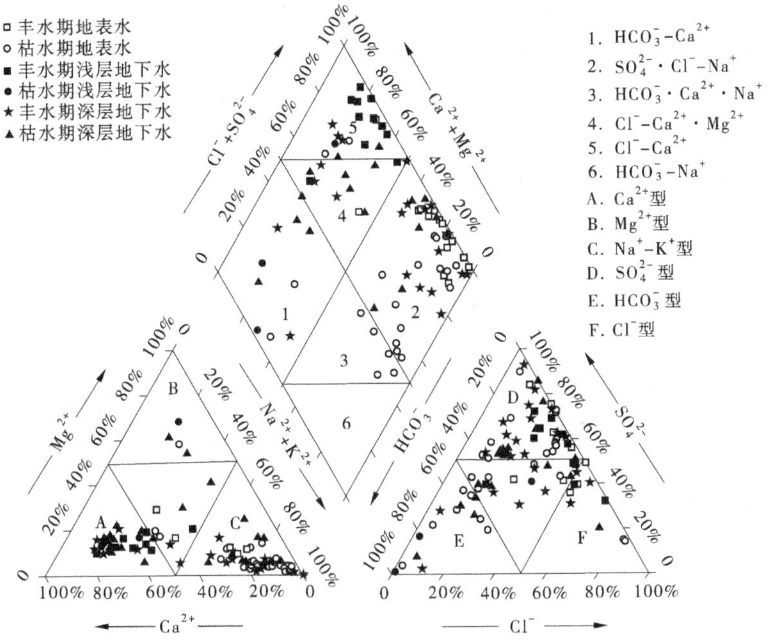

图 6-2　研究区不同水体的水化学 Piper 三线图

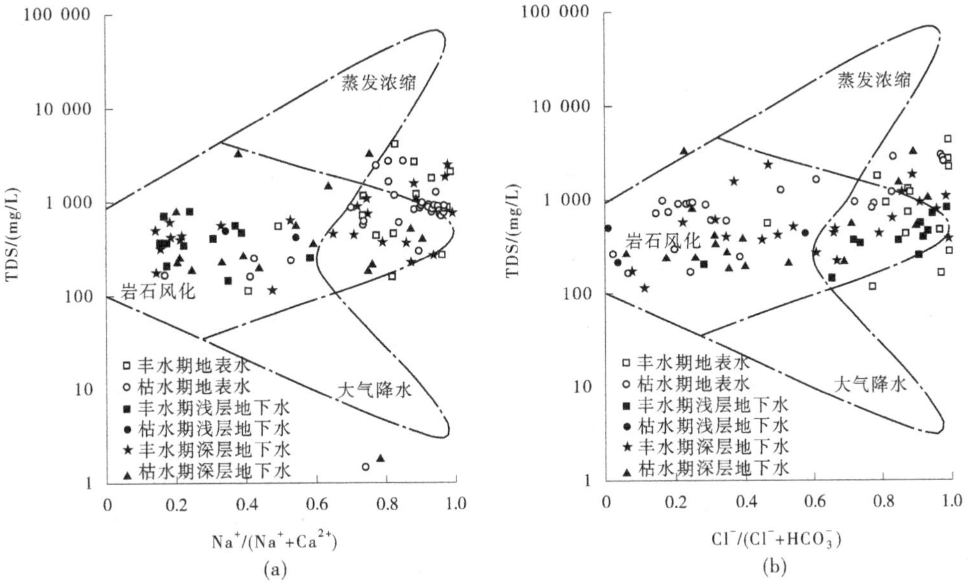

图 6-3　不同水体的 Gibbs 图

6.1.3.2　端元图

端元图根据矩形对角线给出三个不同的端元,即碳酸盐溶解、硅酸盐水解、蒸发岩溶解三种不同水岩作用。水样点所处的位置距离某个端元越接近,则表明此端元所代表的水化学过程在样品水化学特征的形成过程中占有主导地位;若样品处于两个端元区域之间,则表明地下水水化学特征是两个水化学共同作用的结果。图 6-4 显示地表水主要受蒸发岩溶解的控制，硅酸盐是浅层地下水的主要贡献产物，硅酸盐水解和蒸发岩溶解是深层地下水的主要来源，其中硅酸盐类占据主要优势，由此可推断，地下水中丰富的 F^- 可能来源于硅酸盐等含氟矿物（如黑云母、白云母、石英等）的分解释放。与深层地下水相比，浅层地下水和地表水受到的控制作用更为分散，采样点分布不均匀，说明二者受到的风化作用更为复杂，可能与采煤活动有关。

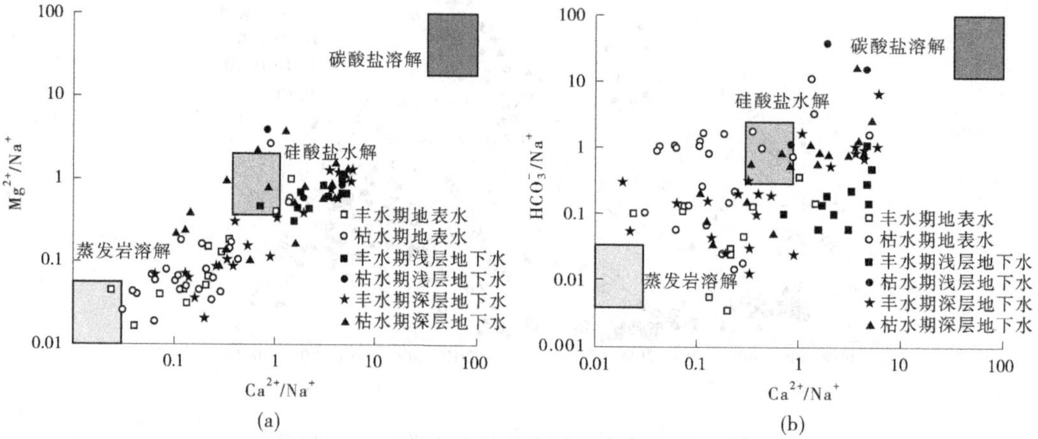

图 6-4　不同水体的端元图

6.1.4　溶滤作用

矿物的溶解-沉淀作用强度由矿物的溶解度、水体的溶解能力、岩土空隙、水中溶解气体含量和地下水循环交替速率等因素决定。本节主要通过计算绘制地下水化学主要离子比值关系图和矿物饱和指数，推测研究区不同水体中可能发生的矿物溶解沉淀作用。

6.1.4.1　主要离子比值关系

本节运用研究区不同水体丰-枯水期的采样点绘制了主要离子比值关系（见图 6-5）。运用离子比值关系图可分析主要离子的来源，通过图 6-5(a)中 $(Na^++K^+)/Cl^-$ 的关系可分辨 Na^++K^+ 与 Cl^- 的来源，当 $(Na^++K^+)/Cl^-$ 的比值在 1 附近时，表明此时发生的是岩盐矿物溶解，当 $(Na^++K^+)/Cl^-$ 大于 1 时，说明此时发生的是硅酸盐矿物溶解。图 6-5(a)中丰、枯水期地表水和深层地下水采样点多位于 $y=x$ 线之上，说明 Na^+ 与 K^+ 不仅受到蒸发岩溶解与硅酸盐水解的作用，二者均有其他来源，还可能是阴阳离子交换作用等对其产生影响，而阴阳离子的交换作用可通过 $(Na^++K^+-Cl^-)/[(Ca^{2+}+Mg^{2+})-(SO_4^{2-}+HCO_3^-)]$ 的关系进行判别。由图 6-5(b)可知，三种水体的水样均呈现出负相关关系，同时水样点分布比较分散。$(Ca^{2+}+Mg^{2+})/(SO_4^{2-}+HCO_3^-)$ 的比值主要用于判断水体中 Ca^{2+} 与 Mg^{2+} 是否来源于石膏的溶解。当 $(Ca^{2+}+Mg^{2+})/(SO_4^{2-}+HCO_3^-)$ 的值在 1 附近时，说明矿井水中的 Ca^{2+} 与 Mg^{2+} 来源于石膏的溶解。由图 6-5(c)可知，深层地下水与浅层地下水的大部分水样点位多处于 $(Ca^{2+}+Mg^{2+})/(SO_4^{2-}+HCO_3^-)=1$，推测研究区地下水中的 Ca^{2+}、Mg^{2+} 与石膏的溶解作用有关。而地表水多远离 $(Ca^{2+}+Mg^{2+})/(SO_4^{2-}+HCO_3^-)=1$，说明其受石膏溶解作用微弱，推测其可能来源于硅酸盐的溶解。由图 6-5(d)可知，大部分水样点位于 $y=x$ 直线上

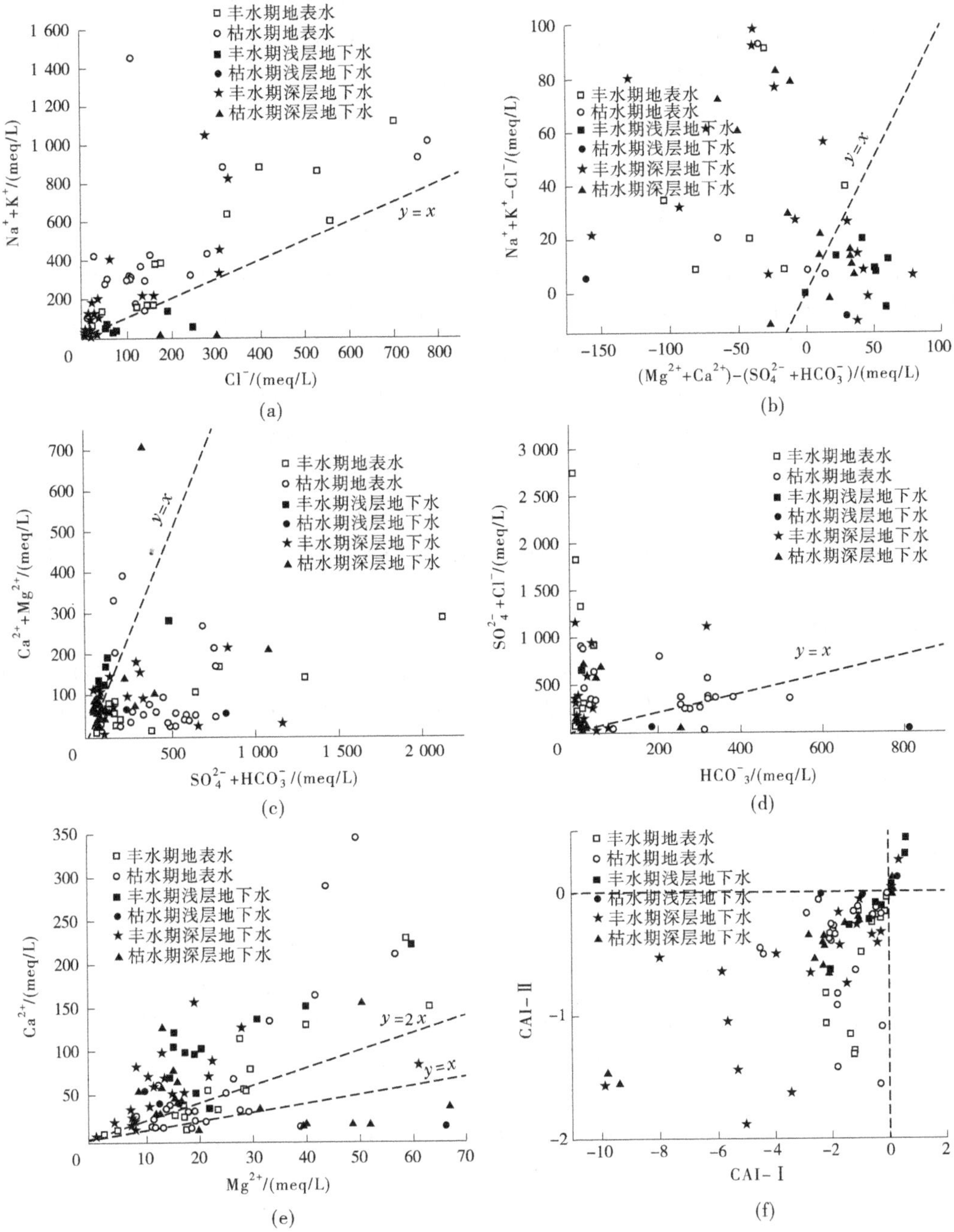

图 6-5　不同水体离子比值关系和氯碱指数 CAI-Ⅰ与 CAI-Ⅱ分布图

方，说明水样可能发生蒸发岩溶解作用，小部分水样点位于直线下方，说明控制水化学形成的因素可能是碳酸盐矿物的溶滤作用。由图 6-5(e)可知，地下水中的 Ca^{2+}、Mg^{2+}受方解石、白云石、硅酸盐溶解作用的共同影响，小部分水样点位于 $y=x$ 直线下方的区域，几乎没有地下水采样点落入 $y=x$ 与 $y=2x$ 两直线之间，大部分地下水水样分布于 $y=2x$ 直线上方，因此地下水中 Ca^{2+}、Mg^{2+} 离子主要来自于硅酸盐的溶解与方解石溶解。

根据国外学者 Schoeller 所提出的氯化物碱性指数（CAI-Ⅰ以及 CAI-Ⅱ）来判断地下水是否发生了阳离子交换作用。计算公式如下：

$$CAI-Ⅰ=\frac{Cl^- - (Na^+ + K^+)}{Cl^-} \tag{6-1}$$

$$CAI-Ⅱ=\frac{Cl^- - (Na^+ + K^+)}{HCO_3^- + SO_4^{2-} + NO_3^- + CO_3^{2-}} \tag{6-2}$$

当氯化物碱性指数 CAI-Ⅰ以及 CAI-Ⅱ均大于 0 时，说明式(6-3)中的正向阳离子交替吸附作用在水化学组分形成的过程中发生，当 CAI-Ⅰ及 CAI-Ⅱ均小于 0 时，说明式(6-4)的反向阳离子交替吸附作用在水化学组分形成的过程中发生。

$$2Na^+ + (Ca,Mg)X_2 \Leftrightarrow (Ca,Mg)^{2+} + 2NaX \tag{6-3}$$

$$(Ca,Mg)^{2+} + 2NaX \Leftrightarrow 2Na^+ + (Ca,Mg)X_2 \tag{6-4}$$

图 6-5(f)绘制了丰、枯水期地表水、浅层地下水和深层地下水水样的氯化物碱性指数 CAI-Ⅰ和 CAI-Ⅱ的比例关系。研究区内大部分丰、枯水期浅层地下水、深层地下水采样点和全部地表水采样点的 CAI-Ⅰ和 CAI-Ⅱ的值均小于 0，说明研究区内大部分水体发生了阳离子交替吸附作用。

6.1.4.2 矿物饱和指数

矿物饱和指数(SI)是评估地下水体与矿物溶解-沉淀平衡程度的一个重要指标，可用于辨识水化学形成过程中的主要水岩反应。SI 是离子活度积与平衡常数比的对数值，其计算公式如下：

$$SI = \lg \frac{IPA}{K}$$

式中 IPA——地下水中离子的活度积；

K——平衡常数。

当 SI>0 时，表明地下水处于饱和状态，矿物沉淀作用占优势；当 SI=0 时，表明矿物溶解和沉淀处于平衡状态，其溶解与沉淀速率一致；当 SI<0 时，表明地下水处于未饱和状态，地下水溶解速率大于沉淀速率，且 SI 的绝对值越大，地下水溶解能力越强。

矿物饱和指数 SI 的变化特征可以用来识别地下水化学的不同阶段，本节利用 PHREEQC 模拟软件，模拟了研究区丰、枯水期不同水体水样对应含水层介质中方解石、白云石、石膏、岩盐等常见易溶盐矿物的饱和指数 SI，计算结果见图 6-6。由图 6-6 可知，小部分采样点表现出方解石和白云石饱和的特征，而大部分采样点处于石膏、岩盐不饱和状态，说明地区水体的化学成因较为复杂，可能受人为因素影响较大。

6.1.4.3 重金属主成分源解析

主成分分析(PCA)常用于识别研究区溶解重金属来源。检验结果的 KMO 值(Kaiser-Meyer-Olkin)为 0.655，Bartlett 值小于 0.001，表明本研究的数据适用于主成分因子载荷分析。从地表水和地下水中的 6 种元素中提取了 4 种主成分(见图 6-7)。基于凯塞标准保留成分数量，累计贡献率达 85%被保留。提取的 4 个主成分方差累计贡献率为

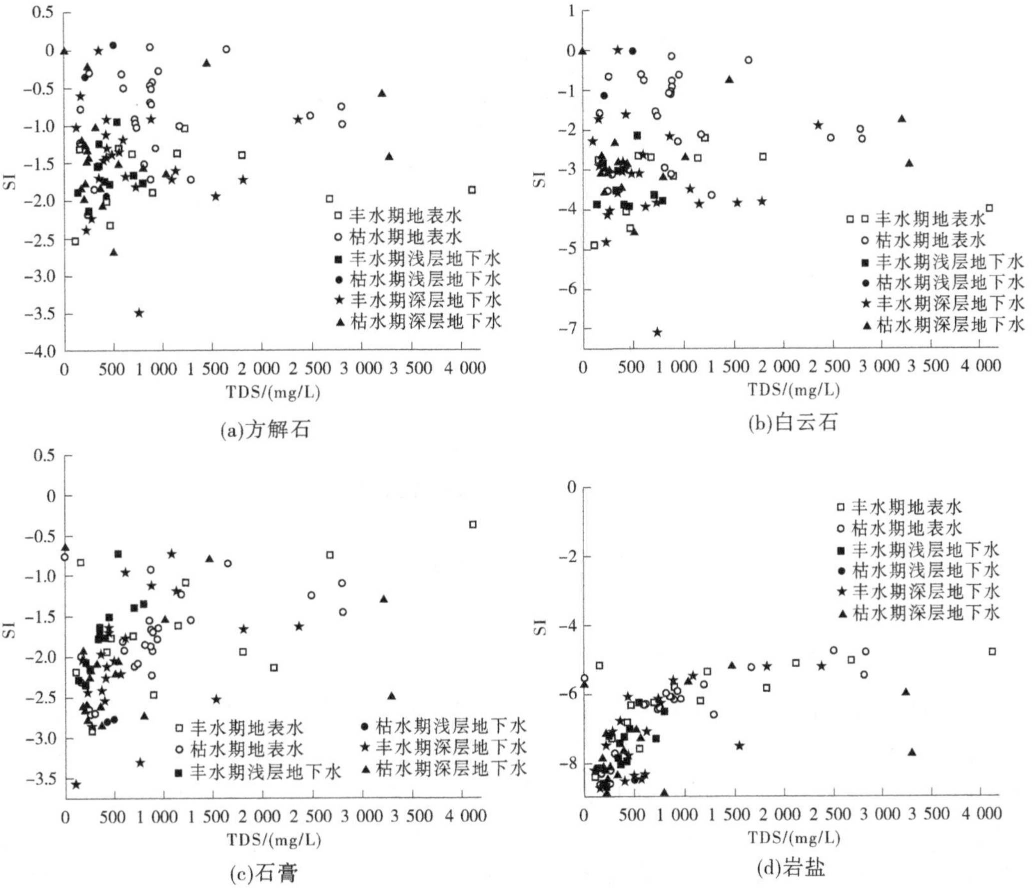

图 6-6　研究区内不同水体矿物 SI 与 TDS 的关系

93.75%，主成分的 1、2、3 和 4 的贡献率分别为 45.25%、17.48%、16.36%和 14.66%。第一主成分（PC1）为 Cu、Cd 和 As，其权重系数分别为 0.54、0.55 和 0.54。第二主成分（PC2）为 Pb 和 Cr，其权重系数分别为 0.58 和 0.64。第三主成分（PC3）为 Zn，其权重系数为 0.90，表明这些元素之间相关性较强。第四主成分（PC4）为 Cr，其权重系数为 0.63。

由相关性与主成分结合分析，Cu 与其他重金属元素的相关系数相对较高，推测可能是由于 Cu 的来源更为复杂。Pb 和 Zn 是与工业活动密切相关的重金属元素。Pb 是交通源的标志性元素，主要来源于汽车尾气和煤炭燃烧；Zn 的来源主要有工业排放、汽车尾气和动物粪便等。Cd 是农业活动的标志性元素，除自然源输入外，工业“三废”、农药、化肥和塑料薄膜等人为的影响也会造成其浓度偏高。整体表明研究区受到了人类活动的显著影响，由于水体采样点多位于矿区附近，频繁的工农活动很大程度上影响了水体中的重金属含量。

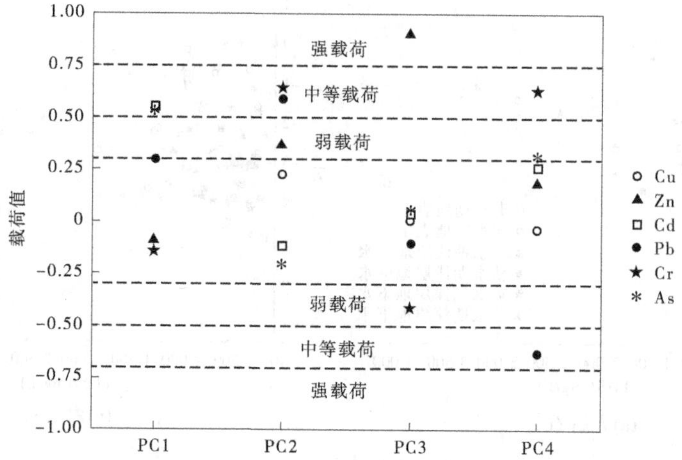

图 6-7　研究区内不同水体中重金属元素旋转因子载荷

6.2　土壤重金属来源解析

6.2.1　土壤元素指标相关性

相关性分析通常用来分析判断各元素之间的联系紧密程度，通过相关系数来表征不同元素之间的相关程度，其绝对值的大小代表了元素之间的关系强弱。采用皮尔逊相关分析法，分析了土壤中各元素之间的相互作用（见图 6-8），大多数元素之间呈现出正相关关系，Cr 与 Pb、Cd、Zn 呈现出显著正相关关系，相关系数 r 分别为 0.68、0.33 和 0.29，表明这四种重金属具有相似的来源或富集、迁移等地球化学行为。Pb 与 Cd 呈现出较显著正相关关系，r=0.57。Zn 与 As 呈现出较弱正相关关系，r=0.46。Pb 与 Cr、Cd、Cu、Zn 和 As 之间的相关性说明可能具有相同的起源，土壤中的 As 一般来源于农药、灌溉等。

6.2.2　主成分分析

主成分分析是分析重金属来源的主要方法之一，运用因子分析不同指标之间的联系，从而反映出重金属元素之间的地球化学属性的联系。运用 SPSS 20.0 对原始数据进行主成分分析检验。检验结果显示，KMO 值为 0.507（KMO>0.50），KMO 值越接近 1，说明这些指标在进行因子分析时呈现的效果越好。Bartlett 球形检验显著（P=0.000<0.05），认为变量样本适合进行数据因子分析。从土壤 6 种重金属元素中提取了 4 种主成分（见表 6-1）。基于凯塞标准保留成分数量，累计方差贡献率达 85%被保留，提取的 4 种主成分累计方差贡献率达到了 89.49%。

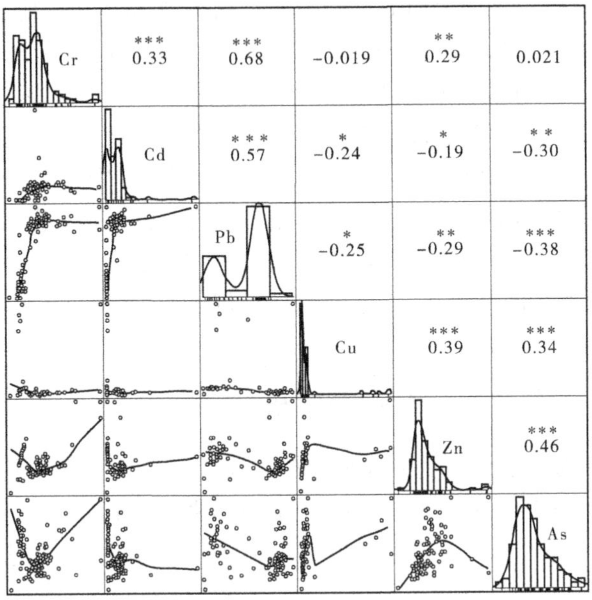

注:“＊＊＊”在0.001水平上(双侧)显著相关;“＊＊”在0.01水平上(双侧)显著相关;“＊”在0.05水平上(双侧)显著相关。

图6-8 研究区土壤各元素相关系数

表6-1 土壤重金属元素主成分分析矩阵

项目	主成分			
	PC1	PC2	PC3	PC4
Cr	-0.38	0.68	0.02	0.22
Cd	0.41	0	-0.51	0.01
Pb	-0.56	0.09	0.01	0.26
Cu	0.32	-0.07	0.82	0.27
Zn	0.33	0.67	0.15	-0.52
As	0.42	0.27	-0.20	0.73
特征值	2.75	1.13	0.88	0.60
方差贡献率/%	45.89	18.84	14.69	10.07
累计方差贡献率/%	45.89	64.73	79.42	89.49

第一主成分(PC1)的方差贡献率为45.89%,主要由As和Cd组成,其载荷分别为0.42、0.41,与地球化学特征结合分析,Cd变异系数较大,属于中等变异,表明Cd元素受

人类活动影响较大。第二主成分(PC2)的方差贡献率为 18.84%,其主要是 Cr 与 Zn 的组合,其载荷分别为 0.68 和 0.67。第三主成分(PC3)的方差贡献率为 14.69%,主要由 Cu 组成,其载荷为 0.82。第四主成分(PC4)的方差贡献率为 10.07%,其主要是 Pb、Cu 与 As 的组合,其载荷分别为 0.26、0.27 和 0.73,邢润华研究了安徽省宣城市土壤重金属来源,研究表明 Cd、Cu、Zn、As 和 Pb 主要受矿山开采、畜牧业养殖等人为活动影响,结合重金属垂向剖面分布,发现 Pb 元素主要富集于表层土壤,推断其受人类活动影响更大。煤矸石通常会作为选煤作业的一种重要产物,其会对土壤造成一定的污染。秦先燕等研究表明土壤中的 As 一般来源于燃煤,这与研究区情况相符,推断 As 可能源于燃煤、煤化工业活动。

6.2.3 正矩阵因子分解法(PMF)源解析

近年来,PMF 作为因子分解受体模型被广泛应用于计算环境中污染物的贡献率和来源。采用 PMF 模型对矿区 98 个土壤采样点重金属来源进行定量解析,计算各污染源的贡献率(见图 6-9)。信噪比大于 2 则代表数据适用于该模型,信噪比越大则样品检出的

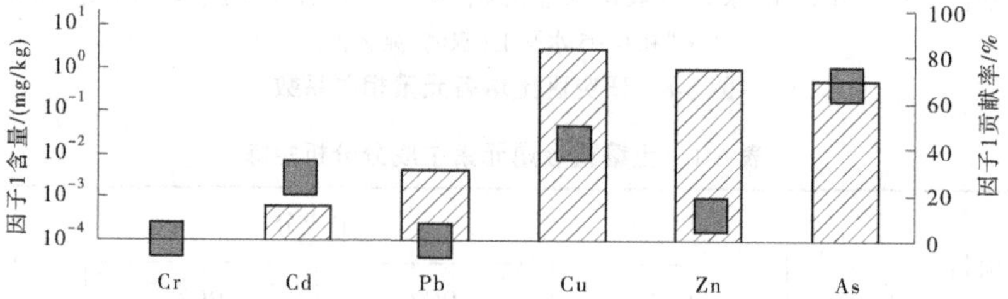

(a)因子1

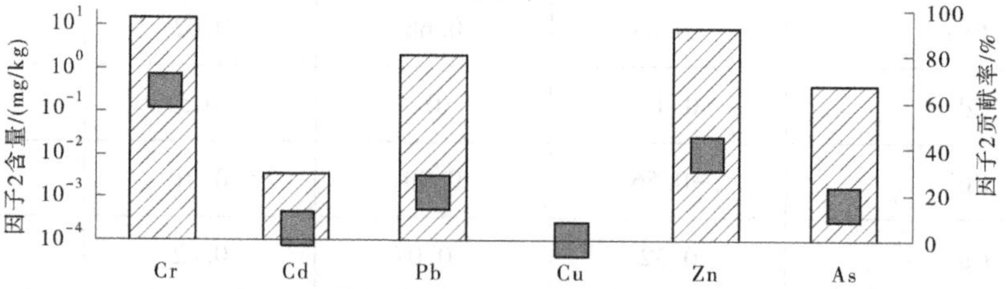

(b)因子2

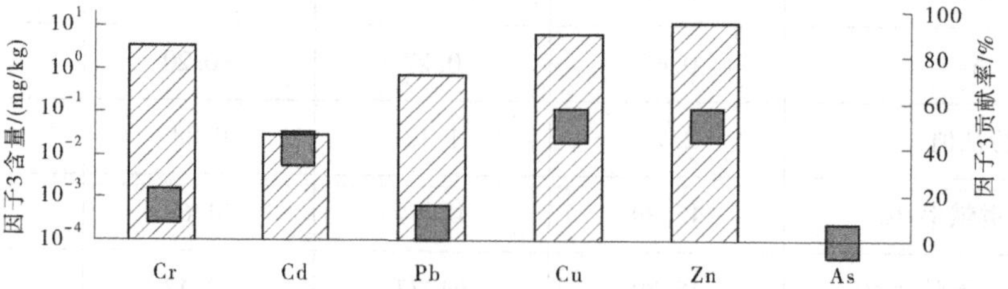

(c)因子3

图 6-9 研究区土壤各元素的污染源分布及贡献率

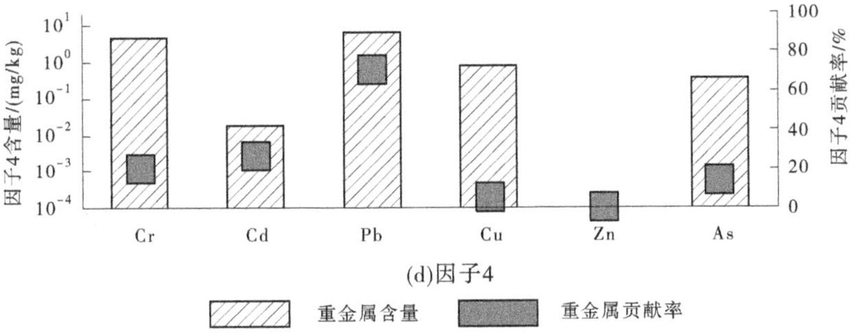

(d)因子4

续图 6-9

可能性越大,越适合该模型。本研究经过多次调试,最终确定 4 个因子,进行 20 次迭代运算,选取最好的 Q 值,且所有参数值均处于-3~3,计算结果趋于稳定,实测值与预测值之间的拟合结果 R^2 值在 0.81~0.99,说明 PMF 模型整体拟合效果较好,能够较好地解析污染源。

因子 1 主要由 Cu(43.12%)、Cd(27.21%)、Zn(11.87%)和 As(69.03%)组成,主要来源于农用化学品和污水灌溉,如化肥的使用、上游农业地区输送受污染的水。研究发现,使用化肥和粪肥会使重金属(Cu、Cd 和 Zn)的含量以每年 3%~4%的速度增加。土壤中 As 的累积方式主要是来自地下水的灌溉,研究区内农民经常使用矿区排水对植被进行灌溉。乌兰木伦河处于该地区的矿区附近,是重金属分布的主要区域。

因子 2 主要是由大气沉降和工业排放造成的,贡献成分较为丰富,对 Cr、Pb、Zn 和 As 的贡献率分别是 64.94%、20.48%、37.70%和 16.11%。Cr 占据主导地位,其主要源于人类活动,特别是工业活动和污水灌溉,同时 Cr 是工业排放的标志性重金属。Pb 主要来源于化石燃料、汽车轮胎等。Zn 的富集是由金属冶炼等工业活动造成的,同时大气气溶胶及农药的沉降对土壤中 As 的累积也有一定的贡献。

因子 3 主要是由皮革工业造成的,其以 Cr(15.17%)、Cd(40.11%)、Cu(50.81%)和 Zn(50.43%)为主,Cd 主要来源于肥料的过量施用,Cu 的主要来源是轮胎磨损、机动车尾气、燃煤和金属冶炼,同时其作为微量元素也是农药的主要组成成分,农业投入品的不合理使用也会导致土壤中 Cu 的进一步累积。Zn 在自然源和化石燃料燃烧与交通运输的混合源贡献率相似,在不同的成分上,同一元素载荷相当,则可判定该元素有多个来源。

因子 4 主要是由自然和人为因素造成的,其主要由 Cr(19.86%)、Cd(27.22%)、Pb(71.11%)和 As(14.86%)组成。Pb 占据主导地位,其余元素对因子 4 的贡献率较低,燃料燃烧和道路灰尘会增加土壤中 Pb 的含量。

综上所述,补连塔矿区土壤中重金属的主要来源是农业活动(14.47%)、大气沉降(36.21%)和工业排放(31.67%)、其他因素(17.65%)(见图 6-10)。表明大气沉降因素对研究区土壤重金属影响较大。

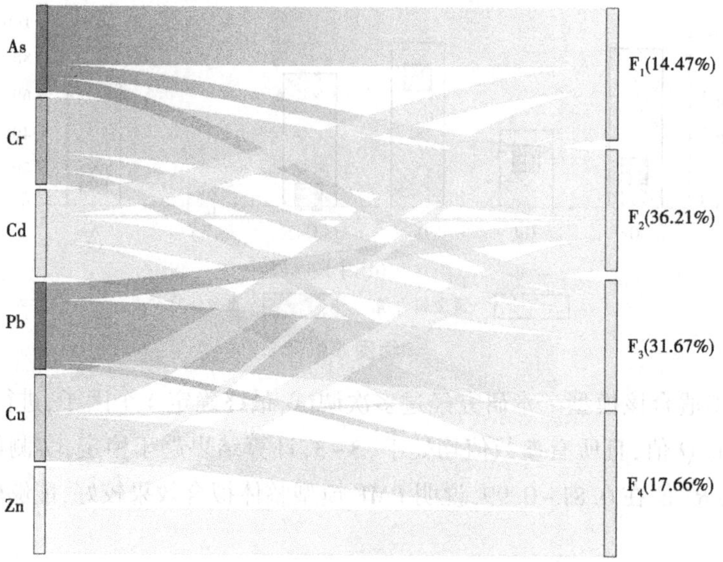

图 6-10 重金属来源桑基图

6.3 玉米体内重金属来源解析

6.3.1 玉米体内重金属元素指标相关性

图 6-11 为玉米不同部位中各元素之间的相关系数。由图 6-10 可知，Cd、Pb、Cu、Zn、Ni、Cr 和 As 七种重金属在玉米的不同部位，彼此之间的相关性差异较大。在玉米根部中，Zn 与 Cr 呈显著正相关关系（$p \leqslant 0.05$），相关系数为 0.99。在玉米茎部中，Cu 分别与 Pb 和 Zn 呈显著正相关关系，说明 Cu 对 Pb 与 Zn 的增加具有明显的促进作用；Cr 与 Zn、Cu 和 Pb 之间呈现显著正相关关系，相关系数分别为 0.94、0.64 和 0.51；As 与 Cr、Pb、Cu 和 Cd 呈现显著正相关关系，相关系数分别为 0.43、0.43、0.51 和 0.51，说明 Cr 对 Zn、Cu 和 Pb 具有促进作用，As 对 Cr、Pb、Cu 和 Cd 的增加也同样具有显著促进作用。在玉米叶部中，Cu 与 Cd 和 Zn 之间呈现显著正相关关系，Pb 与 Ni、Cr 和 As 呈显著正相关关系，相关系数分别为 0.91、0.89 和 0.51，Cr 与 Zn、As 和 Ni 呈显著正相关关系。在玉米籽粒中，Cd 与其他 6 种重金属之间均呈现负相关关系，As 与 Pb 呈显著负相关关系，Cr 与 Ni、Zn 和 Cu 呈现显著正相关关系，相关系数分别为 0.45、0.99 与 0.75，Zn 与 Cu、Cr 和 Ni 呈现显著正相关关系，说明 Zn 对 Cu、Ni 和 Cr 的增加有促进作用。

6.3.2 主成分分析（PCA）

为进一步揭示研究区植物不同部位的重金属来源，运用 SPSS20.0 对原始数据进行主成分分析检验。检验结果显示，玉米叶、籽、根和茎的 KMO 值分别为 0.573、0.505、0.535 和 0.546（KMO>0.50），KMO 值越接近 1，说明这些指标在进行因子分析时呈现的效果越好。Bartlett 球形检验显著（$p=0<0.05$），认为变量样本适合进行数据因子分析。

提取特征值大于 1 的主成分因子，对玉米的根、茎、叶和籽粒中的 7 种重金属来源进

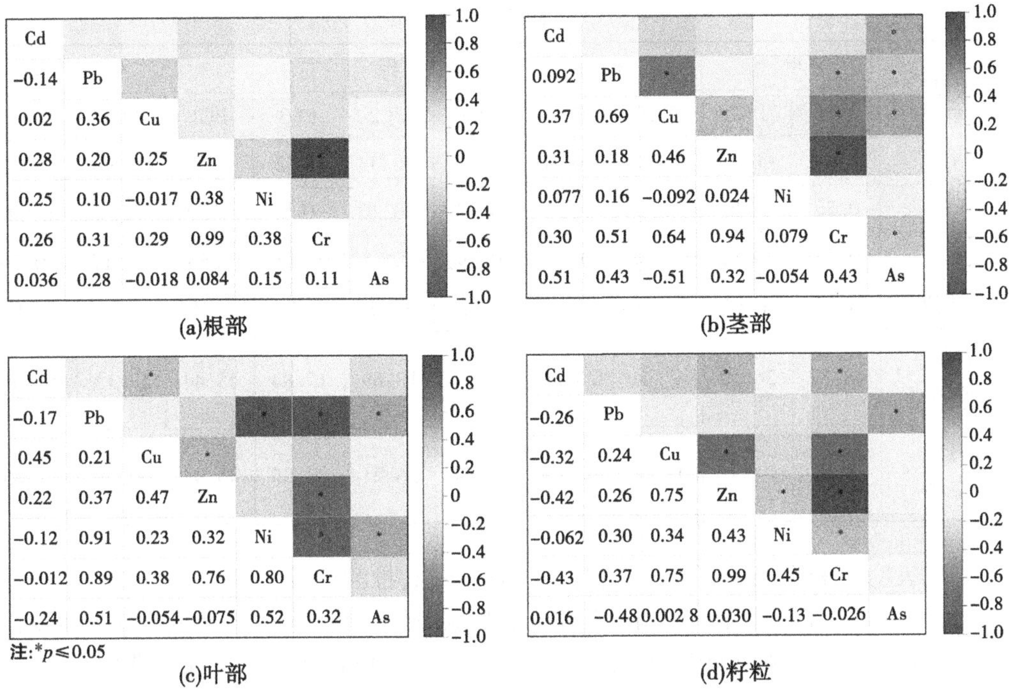

图 6-11　玉米不同部位中各元素之间的相关系数

行分析(见表 6-2)。在叶部与籽粒中提取两个主成分因子,其方差贡献率分别为 48.87%、26.10%、47.61%和 20.08%,累计贡献率分别达到了 74.97%和 67.69%。在玉米的根部与茎部提取了 3 个主成分因子,其方差贡献率分别为:37.51%、18.69%、15.84%、45.44%、17.15%和 15.06%,累计贡献率分别达到了 72.05%和 77.65%。在叶部中主成分 1 的方差贡献率远高于其他主成分,元素中 Pb、Ni、Cr 和 As 具有较高载荷,分别为 0.50、0.49、0.52 和 0.27;主成分 2 中具有较高载荷的元素是 Cd、Cu 和 Zn。在籽粒中主成分 1 中具有较高载荷的元素分别为 Pb、Cu、Zn、Ni 和 Cr,载荷数分别为 0.28、0.45、0.51、0.31 和 0.52。在玉米根部的主成分 1 中具有较高载荷的元素是 Cd、Zn、Ni 和 Cr,载荷数分别为 0.20、0.55、0.31 和 0.58;主成分 2 中载荷较高的主要是 Pb 和 Cu;主成分 3 中仅 As 的载荷数较高。在玉米茎部,主成分 1 中载荷较高的元素主要是 Cd、Cu、Cr 和 As;主成分 2 中,载荷较高的元素是 Pb 和 Ni;主成分 3 中主要是 Zn 的载荷数较高。

表 6-2　玉米不同部位元素主成分分析矩阵

项目	叶		籽粒		根			茎		
	PC1	PC2	PC1	PC2	PC1	PC2	PC3	PC1	PC2	PC3
Cd	-0.02	0.57	-0.29	-0.07	0.20	-0.54	-0.10	0.25	-0.58	0.06
Pb	0.50	-0.18	0.28	-0.58	0.34	0.60	0.12	0.36	0.54	-0.37
Cu	0.23	0.51	0.45	0.18	0.27	0.42	-0.42	0.47	0.11	-0.31
Zn	0.34	0.40	0.51	0.20	0.55	-0.15	-0.18	0.43	-0.16	0.51

续表 6-2

项目	叶		籽粒		根			茎		
	PC1	PC2	PC1	PC2	PC1	PC2	PC3	PC1	PC2	PC3
Ni	0.49	-0.17	0.31	-0.16	0.31	-0.33	0.42	0.02	0.55	0.52
Cr	0.52	0.08	0.52	0.13	0.58	-0.10	-0.14	0.50	0.04	0.34
As	0.27	-0.42	-0.08	0.74	0.19	0.19	0.76	0.38	-0.17	-0.35
特征值	3.42	1.83	3.33	1.41	2.63	1.31	1.11	3.18	1.20	1.05
方差贡献率/%	48.87	26.10	47.61	20.08	37.51	18.69	15.84	45.44	17.15	15.06
累计贡献率/%	48.87	74.97	47.61	67.69	37.51	56.21	72.05	45.44	62.59	77.65

结果表明,7种重金属可能具有相似的污染来源,推测主要是受到人类活动的影响。近年来,为提高玉米的产量,化肥的使用在不断地增加,磷肥与复合肥的使用,不断增加Zn、Cr和Pb的含量,从而使得Zn与Pb在土壤中富集,植物在生长过程中进行吸收。同时农田里施加含Zn和Pb的农药,也使土壤中重金属富集。由于研究区长期实行矿业活动,产生的废石堆积、废水排放导致Cd、Cu、Pb和Zn的增加。根据研究区的采矿情况,推测Cr的来源较多,植物中的Cr不仅来源于土壤,还可能是大气沉降造成的,由于周边冶炼厂排放废气,通过大气沉降作用,被玉米的不同部位进行了不同程度的吸收,从而造成了污染。

6.4 结　论

(1)丰水期地表水以$SO_4^{2-}\cdot Cl^--Na^+$型水为主,浅层地下水以$SO_4^{2-}\cdot Cl^--Ca^{2+}$型与$SO_4^{2-}\cdot Cl^--Na^+\cdot Ca^{2+}$型水为主;深层地下水以$SO_4^{2-}\cdot Cl^--Na^+$型和$SO_4^{2-}-Na^+$型水为主。枯水期地表水以$HCO_3^-\cdot SO_4^{2-}-Na^+$型和$SO_4^{2-}\cdot Cl^--Na^+$型水为主,浅层地下水以$HCO_3^--Ca^{2+}$型水为主;深层地下水以$HCO_3^-\cdot SO_4^{2-}-Na^+$型和$HCO_3^-\cdot SO_4^{2-}-Ca^{2+}$型水为主。地表水主要受蒸发岩溶解的控制,硅酸盐是浅层地下水的主要贡献产物,硅酸盐水解和蒸发岩溶解是深层地下水的主要来源。重金属元素之间的相关性,说明具有一定的同源相关性,频繁的工农活动很大程度上影响了水体中的重金属含量。

(2)Pb与Cr、Cd、Cu、Zn和As之间的相关性说明可能具有相同的起源。四个因子的主要来源分别是农用化学品和污水灌溉、大气沉降和工业排放、皮革工业及自然和人为因素。

(3)7种重金属在玉米不同部位彼此之间的相关性差异较大,可能具有相似的污染来源,推测主要是受到人类活动的影响。磷肥与复合肥的使用,不断增加Zn、Cr和Pb元素的含量,同时矿业活动产生的废石堆积、废水排放也导致了Cd、Cu、Pb和Zn元素的增加。

参考文献

[1] 赵增锋,王楚尤,邱小琮,等. 宁夏清水河流域地表水水化学特征及高氟水成因机制[J]. 地学前缘,[2024-02-29].

[2] 文泽伟. 龙江—柳江—西江流域的水化学特征和重金属污染研究[D]. 广州:华南理工大学,2016.

[3] 王昱同. 神东矿区矿井水水化学特征及演化规律研究[D]. 北京:煤炭科学研究总院,2023.

[4] YU U,HOSONO T,ONODERA S,et al. Sources of nitrate and ammonium contamination in groundwater under developing Asian megacities[J]. Science of the Total Environment,2008,404:361-376.

[5] 钱会,马致远. 水文地球化学[M]. 北京:地质出版社,2005.

[6] 梁冰. 水化学特征在和田河流域地表水地下水转化关系研究中的应用[D]. 乌鲁木齐:新疆大学,2018.

[7] 林曼利,胡振琪,彭位华,等. 安徽铜陵典型矿区周边土壤重金属污染评价及来源解析[J]. 环境科学,2024,45(9):5494-5505.

[8] DAVIS J C. Statistics and data analysis in geology[M]. New York:John Wiley & Sons Inc,1986.

[9] CLOUTIER V,LEFEBVRE R,THERRIER R,et al. Multivariate statistical analysis of geochemical data as indicative of the hydrogeochemical evolution of groundwater in a sedimentary rock aquifer system[J]. Journal of Hydrology,2008,353(3-4):294-313.

[10] HAO X, ZHOU D, HUANG D, et al. Heavy metal transfer from soil to vegetable in Southern Jiangsu Province, China[J]. Pedosphere, 2009,19(3):305-311.

[11] ADIMALLA N, QIAN H, LI P. Entropy water quality index and probabilistic health risk ssessmen from geochemistry of groundwaters in hard rock terrain of Nanganur County, South India[J]. Geochemistry, 2019,80(4S):125544.

[12] 朱水,申泽良,王媛,等. 垃圾处理园区周边土壤-地下水重金属分布特征[J]. 中国环境科学,2021,41(9):4320-4332.

[13] 周元祥,宣爱萍,黄健. A/O 法处理中密度板生产废水的实验研究[J]. 合肥工业大学学报(自然科学版),2005(3):266-269.

[14] ZHENG Y L, WEN H H, CAI L M, et al. Source analysis and risk assessment of heavy metals in soil of county scale based on PMF model[J]. Environmental Pollution,2023,44(9):5242-5252.

[15] 邢润华. 安徽省宣城市土壤硒地球化学特征及成因分析[J]. 物探与化探,2022,46(3):750-760.

[16] 秦先燕,李运怀,孙跃,等. 环巢湖典型农业区土壤重金属来源解析[J]. 地球与环境,2017,45(4):455-463.

[17] CHEN H, TENG Y, LU S,et al. Contamination features and health risk of soil heavy metals in China[J]. Science of the Total Environment,2015(152-153):143-153.

[18] TAO S Y, LIN Y, SHI H, Application of a self-organizing map and positive matrix factorization to investigate the spatial distributions and sources of polycyclic aromatic hydrocarbons in soils from Xiangfen County, northern China[J]. Ecotoxicology and Environmental Safety,2017(141):98-106.

[19] CHEN H, WANG Y, WANG S. Source analysis and pollution assessment of heavy metals in farmland soil around Tongshan mining area[J]. Environmental Science, 2022, 43(5): 2719-2731.

[20] SHI T, MA J, WU F, et al. Mass balance-based inventory of heavy metals inputs to and outputs from agricultural soils in Zhejiang Province, China[J]. Science of the Total Environment, 2019, 649:

1269-1280.

[21] LUO L, MA Y, ZHANG S, et al. An inventory of trace element inputs to agricultural soils in China[J]. Journal of Environmental Management, 2009, 90(8): 2524-2530.

[22] CHENG W, LEI S, BIAN Z, et al. Geographic distribution of heavy metals and identification of their sources in soils near large, open-pit coal mines using positive matrix factorization[J]. Journal of Hazardous Materials, 2020(387): 1-11.

[23] ZHENG Y L, WEN H H, CAI L M, et al. Source analysis and risk assessment of heavy metals in soil of county scale based on PMF model[J]. Environmental Pollution, 2023, 44(9): 5242-5252.

[24] SHI X L, ZONG Z, PENG H, et al. Changes in Health Risk and Pollution Source of Atmospheric $PM_{2.5}$-bound Metals in a Background Site in North China[J]. Environmental Science, 2023, 44(10): 5335-5343.

[25] JIN Y, O'CONNOR D, SIK OK Y, et al. Assessment of sources of heavy metals in soil and dust at children's playgrounds in Beijing using GIS and multivariate statistical analysis[J]. Environment International, 2019(124): 320-328.

[26] 于锐,王洋,王晨旭,等.榆树市玉米种植区黑土重金属污染状况及来源浅析[J].生态环境学报,2017,26(10):1788-1794.

[27] 王娟.铜陵新桥矿区大气-植物-土壤系统重金属污染特征及铅同位素源解析[D].合肥:安徽大学,2019.

第 7 章　水-土壤-植被系统重金属污染风险评估

7.1　重金属污染综合评价

7.1.1　地表水与地下水重金属污染评价

7.1.1.1　内梅罗综合污染指数(P)

内梅罗污染指数是评价重金属污染程度最常用的方法,其不仅能兼顾不同评价因子的单因子污染指数的平均值及最大值,而且能够突出风险程度高的重金属污染影响,能够客观反映每个采样点重金属污染的整体状况。水体中重金属多呈现污染品类多、数值高、范围大等特点,因此本研究采集了地表水与地下水中 6 种不同的重金属(Cu、Zn、Cr、Pb、As 和 Cd)对水体的污染程度进行研究。地表水、地下水内梅罗污染指数空间分布见图 7-1,由图 7-1 可知,在矿区附近,地表水和地下水的内梅罗污染指数较高,均呈现严重污染等级,尤其地表水的内梅罗污染指数远大于地下水污染指数,地表水采样点中呈现严重污染的比率为 42.42%,地下水采样点中达 9.68%。

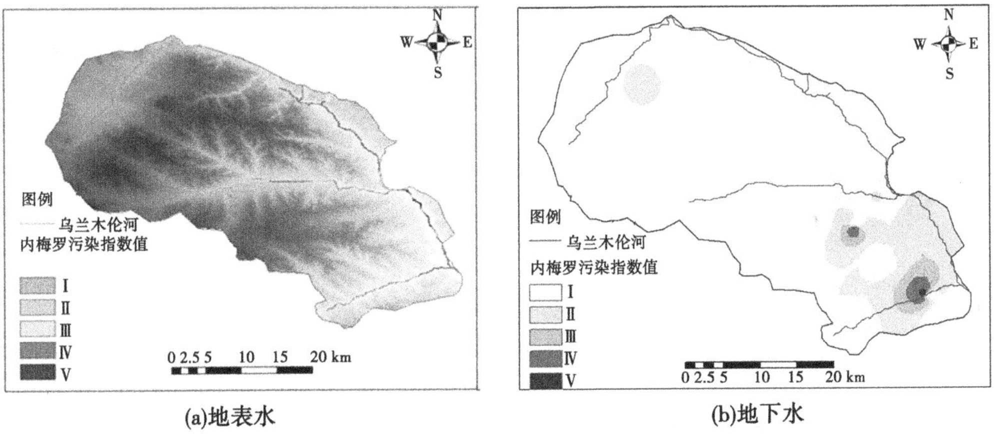

图 7-1　地表水、地下水内梅罗污染指数空间分布

表 7-1 表明,地表水中 6 种重金属的平均污染指数依次为:Cu=Zn<Cr<Pb<As<Cd,地下水中 6 种重金属的平均污染指数依次为:Cu=Zn<Cr<Pb<As<Cd。地表水中 Cd、Pb 和 As 的最大值均处于严重污染等级,Pb 和 As 的平均值均处于重度污染等级,Cu、Zn 和 Cr 均呈现清洁水平;地下水中 Cd 和 As 的最大值整体呈现出严重污染水平,二者的平均值均呈现中度污染水平,其余 4 种重金属均呈现清洁水平。

表 7-1 地表水、地下水中 6 种重金属的内梅罗污染指数

类别	统计特征	P_{Cu}	P_{Zn}	P_{Cd}	P_{Pb}	P_{Cr}	P_{As}
地表水	最大值	0.07	0.61	32.82	24.49	0.23	4.44
	最小值	0.000 006	0	0	0.000 04	0	0
	平均值	0.02	0.02	6.39	1.06	0.05	1.22
地下水	最大值	0.05	0.20	10.97	0.80	0.26	11.12
	最小值	0.000 071 5	0	0	0.000 02	0	0
	平均值	0.01	0.01	0.85	0.07	0.04	0.82

7.1.1.2 重金属污染指数(HPI)

图 7-2 显示重金属综合污染指数的评价结果与内梅罗污染指数法的结果具有较高的一致性,研究区内地表水的重金属污染程度稍高于地下水的污染程度,地表水于乌兰木伦河下游区域呈现出较高的污染程度,且占整体污染程度的 42.42%,与重金属 Cu、Zn、Pb、As 和 Cd 含量最高的区域一致,Cd、As 和 Pb 是占主导地位的贡献者,且污染程度较高。地表水各采样点的 HPI 值在 0.000 49~106.27,平均值为 22.52,地下水的各采样点的 HPI 值在 0.000 05 2~1.37,平均值为 0.18。整体来看,重金属综合评价的污染比内梅罗评价的污染程度较低,重金属综合污染指数评价的地表水中无污染状态为 57.58%,地下水达到了 100%的状态。

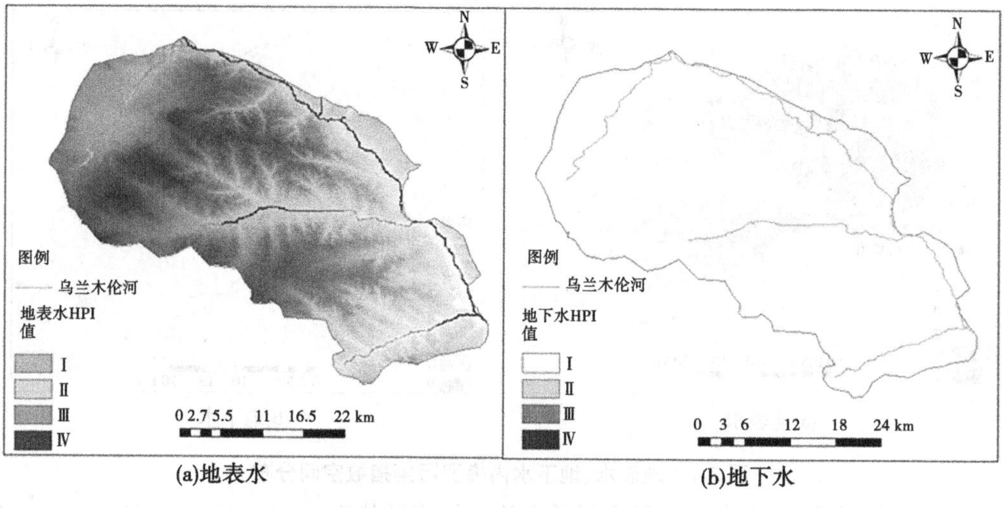

图 7-2 地表水、地下水重金属污染指数空间分布

7.1.2 土壤重金属污染评价

7.1.2.1 富集因子(EF)

图 7-3 为重金属的富集因子、地积累指数及污染系数。富集因子(EF)通常用于区分自然风化的金属与母质或人为诱导的过程。图 7-3(a)中显示研究区中 6 种重金属的富集程度分别为:Cr(0.09~331)、Cd(0~369.75)、Pb(0.097~375.49)、Cu(0.098~

345.17)、Zn(0.069~150.96)和 As(0.051~175.28),不同重金属之间富集程度差异较大。Cr、Cd、Pb 和 Cu 的富集程度较高,部分采样点中 Pb 呈现显著富集状态。

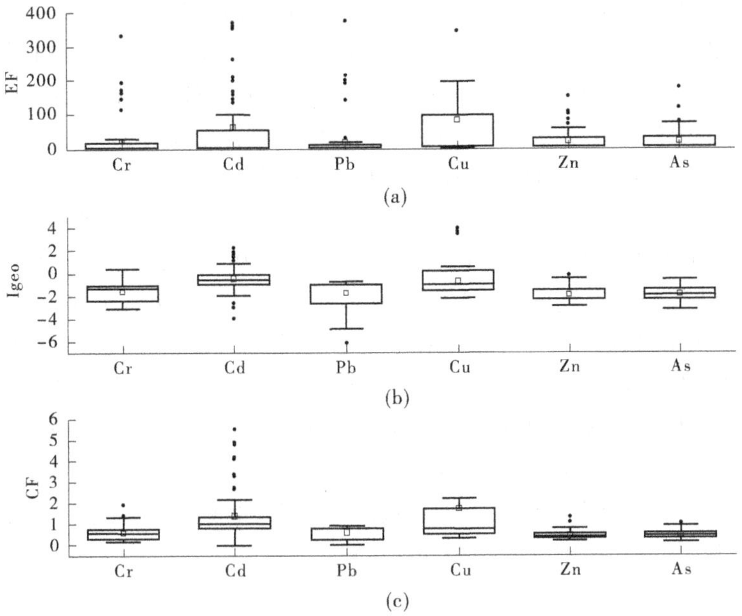

图 7-3　重金属的富集因子、地积累指数及污染系数

7.1.2.2　地积累指数(Igeo)

由图 7-3(b)可知,研究区的土壤中 6 种重金属的总体污染情况未达到极强污染,累积程度由强至弱依次为:Cd(−0.049)>Cu(−0.70)>Cr(−1.61)>Pb(−1.73)>As(−1.88)>Zn(−1.92),取样点中大部分重金属的 Igeo 小于 0,属于无污染状态,少量 Cr 和 Cd 的含量处于 0~1,属于轻微污染。Cd 在取样点的污染等级处于 1~2 及 2~3,土壤处于中度污染以及中强污染,Cd 的含量及其地积累指数均出现高值,说明其具有较高的累积值,未来会由于人类活动加剧土壤中 Cd 的累积。

7.1.2.3　污染系数(CF)

根据表 7-1 中的污染程度与图 7-3(c)结合分析,Cr、Cd、Pb、Cu、Zn 和 As 处于无污染状态的比率分别为 91.84%、55.10%、100%、67.35%、97.96%和 98.98%。可以看出重金属测试指标中,Pb 与 As 的污染系数均小于 1,处于低污染状态,Cr 和 Zn 处于中等污染状态,而部分采样点中 Cu 和 Cd 处于较高污染状态,表明这两种元素呈现局部污染状态。高 CF 值的采样点均分布于矿区附近,土壤受人类采煤驱动的影响较大。

7.1.3　植被重金属污染评价

7.1.3.1　单因子法

图 7-4 为玉米不同部位重金属单因子评价指数平均值,表 7-2 为玉米不同部位 7 种重金属单因子评价指数。结合图 7-4 和表 7-2 的单因子评价指数,分析矿区 Cd、Pb、Cu、Zn、Ni、Cr 和 As 7 种重金属的污染情况。玉米根系中重金属平均污染指数由大到小为:

Pb(12.24)>Ni(11.68)>Cr(2.77)>Cd(1.48)>Cu(1.27)>As(0.72)>Zn(0.07),玉米茎中重金属平均污染指数由大到小为:Pb(1.72)>Cr(1.38)>Ni(0.96)>Cu(0.87)>Cd(0.41)>As(0.11)>Zn(0.05),玉米叶中重金属平均污染指数由大到小为:Ni(7.19)>Pb(5.65)>Cr(2.59)>Cu(1.49)>Cd(0.32)>As(0.17)>Zn(0.10),玉米籽粒中重金属平均污染指数由大到小为:Cr(1.68)>Pb(0.60)>Cu(0.51)>Ni(0.49)>As(0.09)>Cd(0.08)=Zn(0.08)。在玉米四个部位中,Zn 的单因子指数均小于 1,说明研究区的玉米均未受到 Zn 的污染。在 7 种重金属中,Pb 与 Ni 对玉米的污染较为严重,尤其是对于根部和叶部,均达到了重污染程度,在根部,有采样点受二者污染达到了 26.73 和 18.23。其次是 Cr,使根部和叶部达到了中污染程度,对于茎部和玉米籽粒则达到了轻污染程度,Cu 对于根部和叶部的污染较重,使二者达到了轻污染程度,Cd 对于根部的影响较大,其他元素对玉米产生的影响较小,仅部分采样点受到污染。As 仅在根部,污染达到了 2.30,在其他三个部位,均呈现无污染状态。纵向比较发现,玉米不同部位对重金属吸收程度有一定的差异,根部和叶部吸收的重金属元素含量较高,茎部和籽粒吸收较低,重金属多富集于根部,在籽粒中浓度最小,则重金属在四个部位富集程度大小关系为:根部>叶部>茎部>籽粒。Zn 在玉米籽粒中的含量均未超过限量标准,推测可能是由于 Zn 在玉米植株的体内移动性较大,在玉米茎中浓度最小,叶部浓度最大。

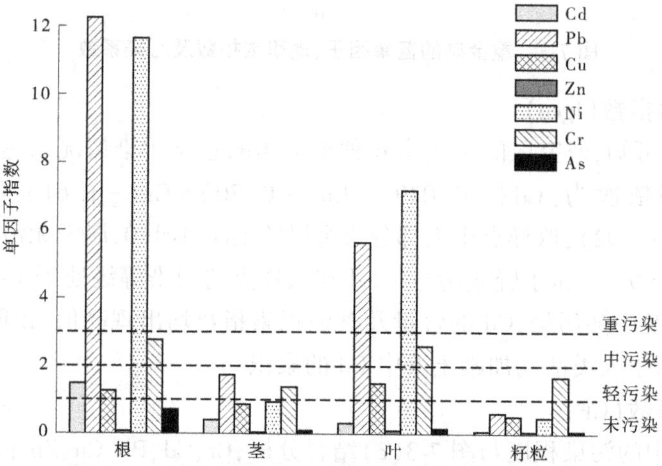

图 7-4 玉米不同部位重金属单因子评价指数平均值

表 7-2 玉米不同部位 7 种重金属单因子评价指数

部位	统计特征	Cd	Pb	Cu	Zn	Ni	Cr	As
玉米根	最大值	3.75	26.73	3.16	0.13	18.23	5.42	2.30
	最小值	0.10	0.04	0.62	0.02	1.60	1.29	0
	平均值	1.48	12.24	1.27	0.07	11.68	2.77	0.72
玉米茎	最大值	1.80	5.15	1.58	0.15	2.26	3.49	0.32
	最小值	0.18	0.01	0.53	0.01	0.27	0.32	0.07
	平均值	0.41	1.72	0.87	0.05	0.96	1.38	0.11

续表 7-2

项目	统计特征	Cd	Pb	Cu	Zn	Ni	Cr	As
玉米叶	最大值	2.00	18.35	4.09	0.24	39.63	6.65	0.27
	最小值	0.04	0.06	0.67	0.04	0.68	1.28	0.05
	平均值	0.32	5.65	1.49	0.10	7.19	2.59	0.17
玉米籽粒	最大值	0.18	1.98	0.72	0.13	1.57	2.91	0.15
	最小值	0.02	0	0.42	0.04	0.07	0.95	0.05
	平均值	0.08	0.60	0.51	0.08	0.49	1.68	0.09

7.1.3.2　内梅罗综合污染指数法

采用的内梅罗指数法与水体的内梅罗综合污染指数法相同。依据图 7-5 玉米不同部位重金属内梅罗污染指数发现,玉米四个部位中,茎部与叶部受重金属污染较为严重,尤其是茎部,整体均呈现出严重污染状态。研究区内玉米不同部位受重金属污染指数分别为:根部(0.53~3.81)、茎部(2.15~28.40)、叶部(1.39~19.61)及籽粒(0.70~2.18)。玉米根部与籽粒虽污染程度相对较小,但仍有部分玉米植株的根部与籽粒呈现严重污染状态,整体污染程度为:籽粒<根部<茎部<叶部,叶部中重金属富集程度最高,籽粒中富集程度最小。

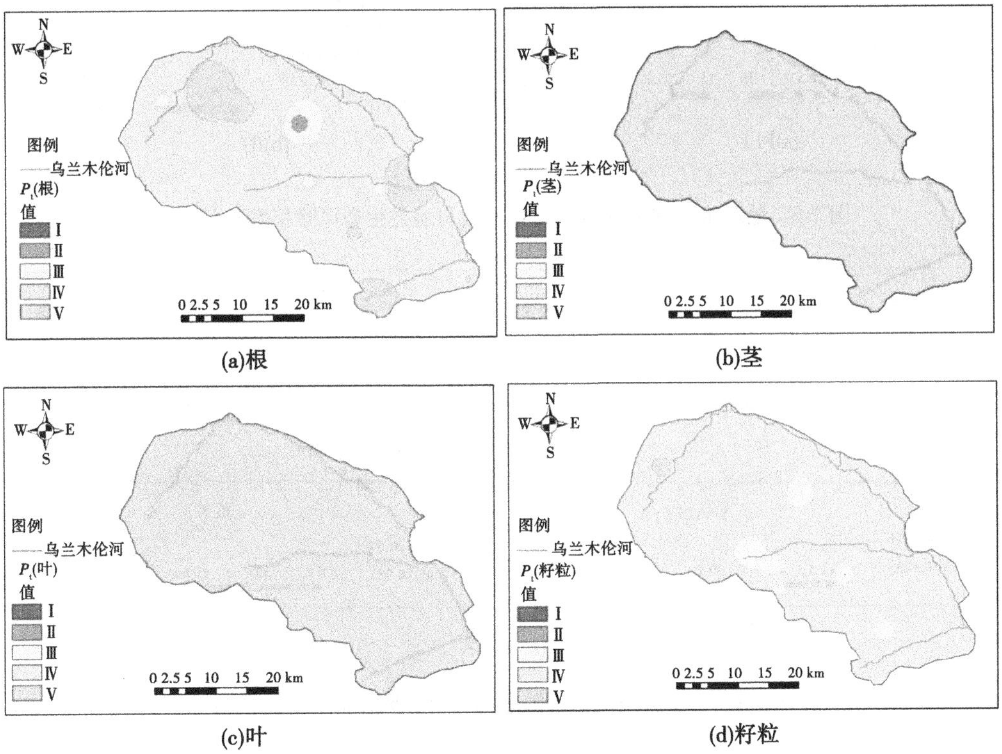

图 7-5　玉米不同部位重金属内梅罗综合污染指数

7.2　重金属污染风险评估

运用污染负荷指数(PLI)和潜在生态风险指数(RI),综合分析矿区及周边地区地表水、地下水、土壤及玉米不同部位重金属的累积与潜在风险的变化迁移特征,从而探究研究区内重金属的潜在风险。

污染负荷指数和潜在生态风险指数的空间分布(见图7-6~图7-8)综合反映了矿区重金属污染状况。PLI阐明了重金属的污染毒性状况,根据重金属潜在风险指数评价标准,可将污染负荷指数(PLI)划分为四个等级:无污染(PLI<1)、轻度污染(1<PLI≤2)、中度污染(2<PLI≤3)、重度污染(PLI>3)。

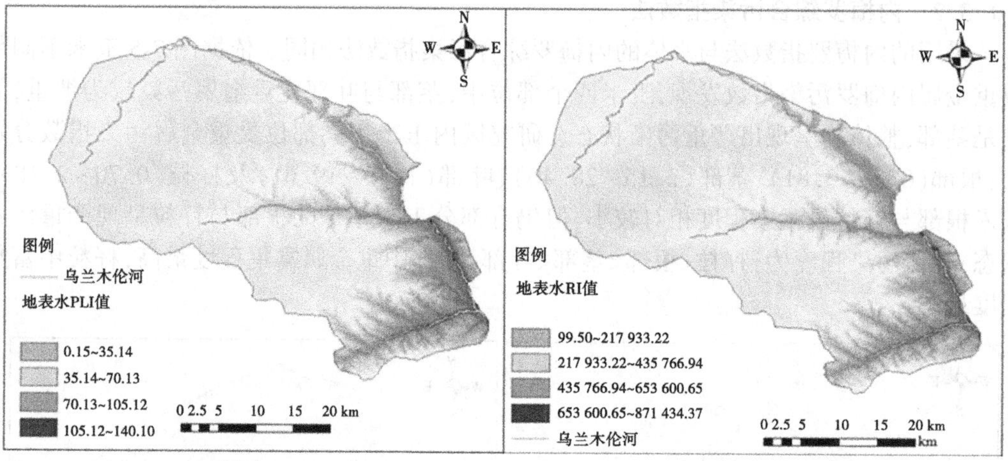

(a)PLI　　(b)RI

图 7-6　地表水与地下水污染负荷指数与潜在生态风险指数空间分布

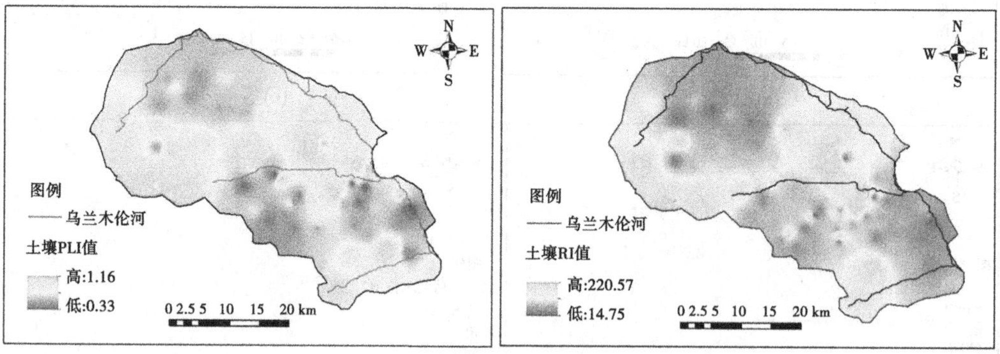

(a)PLI　　(b)RI

图 7-7　土壤污染负荷指数与潜在生态风险指数空间分布

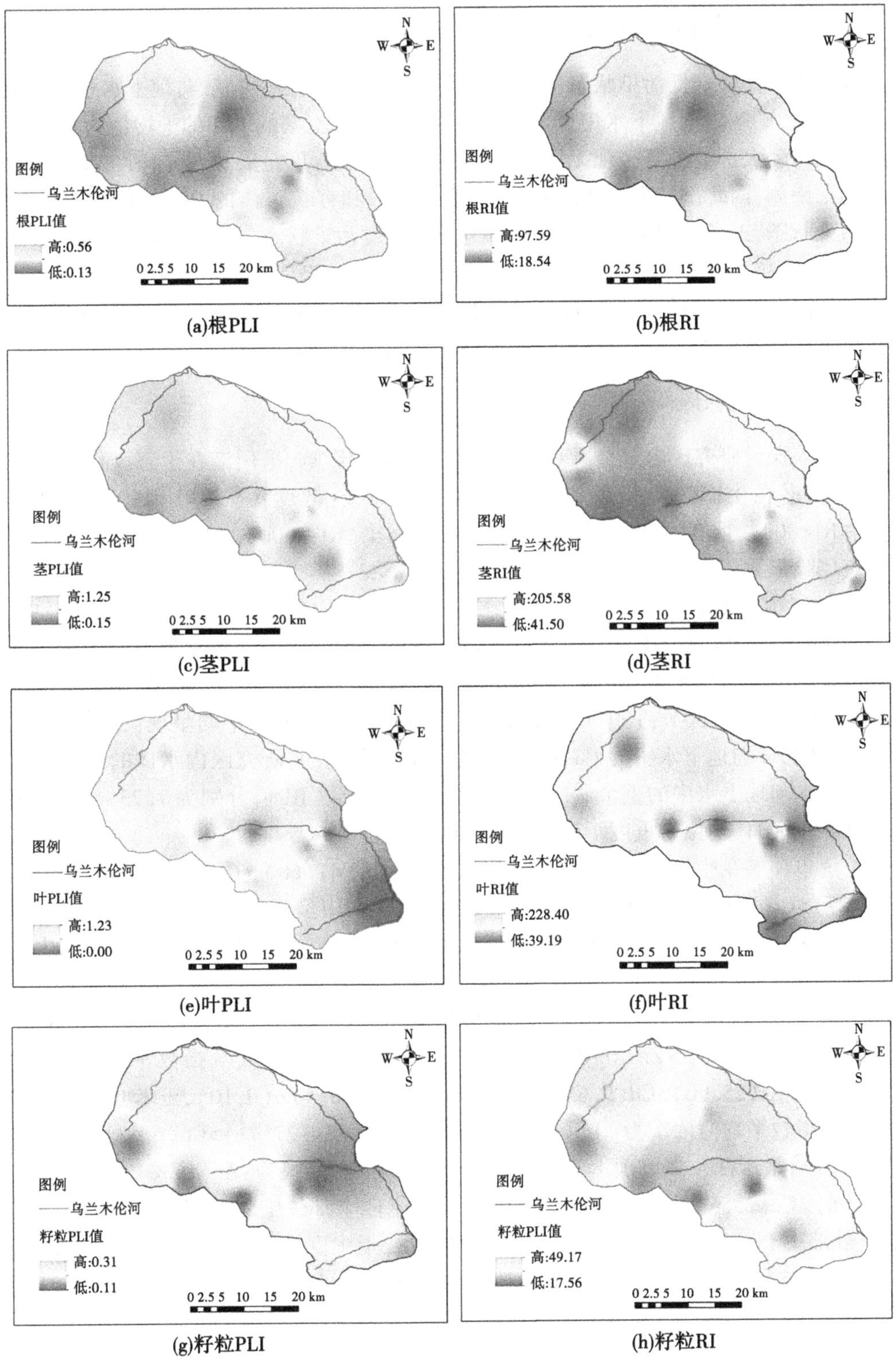

(a)根PLI　(b)根RI

(c)茎PLI　(d)茎RI

(e)叶PLI　(f)叶RI

(g)籽粒PLI　(h)籽粒RI

图 7-8　玉米不同部位的污染负荷指数与潜在生态风险指数空间分布

7.2.1 污染负荷指数(PLI)

地表水整体呈现低污染状态,仅乌兰木伦河附近处于强污染状态,地下水相较于地表水污染较重,矿区附近地下水中重金属富集程度较高。土壤的 PLI 的平均值为 0.557,范围为 0~1.16,大部分土壤呈现无污染状态,少部分呈现轻度污染状态,高值主要分布于研究区的东南侧,西北部较少。在研究区内,玉米的根和籽粒整体的 PLI 的值均小于 1,呈现无污染状态,玉米茎和玉米叶仅有少部分处于轻度污染状态,玉米不同部位受重金属污染程度为:籽粒(0.22)< 根(0.28) < 茎(0.49) < 叶(0.72),特别是位于乌兰木伦河下游的玉米,叶中重金属富集程度较高。地表水、地下水、土壤及玉米不同部位整个系统中,水体受重金属污染最为严重,主要是由于水体受不同因素的影响较大。

7.2.2 潜在生态风险指数(RI)

为深入探讨研究区内重金属对研究区生态环境的影响,采用潜在生态风险指数(RI)进行评价,潜在生态风险指数(RI)划分为四个等级:低度污染(RI<150)、中度污染(150≤RI<300)、重度污染(300≤RI<600)、严重污染(RI≥600)。表 7-3 为单项重金属潜在生态风险指数。

本研究中,地表水的单项潜在生态风险指数平均值依次为:Cd(225 055.91)>As(14 360.62)>Pb(8 164.54)>Cu(82.24)>Cr(69.45)>Zn(35.55),地下水单项潜在生态风险指数平均值依次为:Cd(43 976.48)>As(10 037.78)>Pb(574.50)>Cr(55.47)>Cu(38.40)>Zn(15.30),其中 Cd、As 和 Pb 在地表水与地下水中均呈现严重污染状态,地表水中的 Zn 与地下水中的 Cu、Zn 呈低度污染状态,表明研究区内水体的污染程度较高。地表水与地下水中的重金属综合潜在生态风险指数 RI 值分别为 7.23~1 011 050、368.81~345 631,均位于重度污染及严重污染程度。

土壤单项潜在生态风险指数平均值依次为:Cd(41.68)>Cu(8.66)>As(4.45)>Pb(2.87)>Cr(1.13)>Zn(0.42),Cd 在 28.57%的样本中呈现中度至较重污染水平,但其他的重金属风险指数均小于 40,呈现低度污染水平。土壤中 6 种重金属综合潜在生态风险指数 RI 值在 14.75~220.57,均值为 59.21,整体表现为低度至中度污染水平。

玉米根中单项潜在生态风险指数平均值依次为:As(13.81)>Cd(12.27)>Pb(8.62)>Cu(4.37)>Cr(2.76)>Zn(0.05),玉米茎中单项潜在生态风险指数平均值依次为:Pb(28.24)>As(25.90)>Cd(9.65)>Cu(7.46)>Cr(5.18)>Zn(0.10),玉米叶中单项潜在生态风险指数平均值依次为:Pb(61.19)>Cd(44.38)>As(27.71)>Cu(6.33)>Cr(5.54)>Zn(0.07),玉米籽粒中单项潜在生态风险指数平均值依次为:As(16.84)>Cr(3.37)>Pb(2.98)>Cu(2.55)>Cd(2.33)>Zn(0.08),玉米四个部位中除叶部外均处于低度污染状态,叶部中 Pb 和 Cd 的单项潜在生态风险指数处于中度污染状态。玉米根部、茎部、叶部和籽粒中 6 种重金属综合潜在生态风险指数分别为 18.54~97.59、41.50~205.58、31.19~228.40 和 17.56~49.17,玉米根部与籽粒二者处于低度污染状态,叶整体污染程度较高,大部分呈现为中度污染状态。

表 7-3　单项重金属潜在生态风险指数

类别	统计特征	Cr	Cd	Pb	Cu	Zn	As
地表水	最小值	0	0	0.20	0.03	0	0
	最大值	466.60	984 480.00	122 451.70	369.62	607.10	44 443.40
	平均值	69.45	225 055.91	8 164.54	82.24	35.55	14 360.62
地下水	最小值	0	0	0.10	0.36	0	0
	最大值	512.00	328 992.00	4 003.50	249.42	198.70	111 202.00
	平均值	55.47	43 976.48	574.50	38.40	15.30	10 037.78
土壤	最小值	0.35	0	0.11	1.67	0.20	1.60
	最大值	3.85	207.61	4.52	115.63	1.30	10.22
	平均值	1.13	41.68	2.87	8.66	0.42	4.45
玉米根	最小值	0.64	5.39	0.05	2.67	0.01	3.20
	最大值	6.98	53.95	25.76	7.90	0.15	34.90
	平均值	2.76	12.27	8.62	4.37	0.05	13.81
玉米茎	最小值	2.57	1.20	0.30	3.37	0.04	12.84
	最大值	13.29	59.88	91.75	20.46	0.24	66.47
	平均值	5.18	9.65	28.24	7.46	0.10	25.90
玉米叶	最小值	2.59	2.99	0.22	3.11	0.02	12.94
	最大值	10.84	112.38	133.66	15.78	0.13	54.20
	平均值	5.54	44.38	61.19	6.33	0.07	27.71
玉米籽	最小值	1.90	0.60	0.01	2.11	0.04	9.52
	最大值	5.82	5.40	9.90	3.61	0.13	29.12
	平均值	3.37	2.33	2.98	2.55	0.08	16.84

7.3　结　论

(1)重金属污染指数评价的污染比内梅罗污染指数评价的污染程度低,内梅罗污染指数评价中,地表水中 Pb 和 As 的平均值均处于重度污染等级,Cu、Zn 和 Cr 均呈现清洁水平;地下水中 Cd 和 As 的平均值均呈现中度污染水平,其余四种重金属均呈现清洁水平。重金属污染指数评价的地表水与地下水在研究区内多呈现出无污染状态,地表水中无污染状态为 75.76%,地下水达到了 100%的状态。地表水与地下水中潜在生态风险指数均位于重度污染及严重污染程度。

(2)对土壤 6 种重金属的评价中发现,Cd 处于较高污染状态。Cd 在 28.57%的样本中呈现中度至较重污染水平,土壤中 6 种重金属综合潜在生态风险指数整体表现为低度至中度污染水平。

(3)研究区的玉米均未受到 Zn 的污染,不同部位对重金属吸收程度有一定的差异。玉米不同部位受重金属污染程度为:籽粒<根<茎<叶,玉米根部与籽粒二者处于低污染水平,叶部污染程度较高,大部分呈现为中度污染状态。

参考文献

[1] 张胜,张涛,段雯瑜,等. 基于改进方法的承德地表水环境质量评价[J]. 干旱区研究,2024,41(1):50-59.

[2] 韩术鑫,王利红,赵长盛. 内梅罗指数法在环境质量评价中的适用性与修正原则[J]. 农业环境科学学报,2017,36(10):2153-2160.

[3] 汤玉强,李清伟,左婉璐,等. 内梅罗指数法在北戴河国家湿地公园水质评价中的适用性分析[J]. 环境工程,2019,37(8):195-199,189.

[4] ZHANG Q, FENG M, HAO X. Application of Nemerow index method and integrated water quality index method in water quality assessment of Zhangze Reservoir[J]. IOP Conference Series: Earth and Environmental Science,2018,128(1):1-6.

[5] NEMEROW N L. Scientific stream pollution analysis[M]. Washington D C:Scripta Book Co. ,1974.

[6] 黄玥,黄志霖,肖文发,等. 三峡水库蓄水运行后入出库断面水质评价与预测[J]. 环境污染与防治,2019,41(2):211-215.

[7] 罗芳,伍国荣. 基于单因子评价法和比值法解析水库水质状况[J]. 资源节约与环保,2018,195(2):65-66.

[8] 谢龙涛,潘剑君,白浩然,等. 基于 GIS 的农田土壤重金属空间分布及污染评价:以南京市江宁区某乡镇为例[J]. 土壤学报,2020, 57(2): 316-325.

[9] WANG Y, WEI Y N, GUO P R, et al. Distribution variation of heavy metals in maricultural sediments and their enrichment, ecological risk and possible source—A case study from Zhelin bay in Southern China[J]. Marine Pollution Bulletin, 2016, 113 (1-2): 240-246.

[10] ZHANG H, WANG Z F, ZHANG Y L, et al. ldentification of traffic-related metals and the effects of different environments on their enrichment in roadside soils along the Qinghai-Tibet highway[J]. Science of the Total Environment, 2015,521-522: 160-172.

[11] ALMASOUD F I, USMAN A R, Al-Farraj A S. Heavy metals in the soils of the Arabian Gulf coast affected by industrial activities: analysis and assessment using enrichment factor and multivariate analysis[J]. Arabian Journal of Geosciences, 2015,8 (3):1691-1703.

[12] MULLER G. Index of geoaccumulation in sediments of the Rhine River[J]. Geojournal, 1969,2(108):108-118.

[13] YUAN Z M, YAO J, WANG F, et al. Potentially toxic trace element contamination, sources, and pollution assessment in farmlands, Bijie City, southwestern China [J]. Environmental Monitoring and Assessment,2017,189(1):1-10.

[14] 范拴喜,甘卓亭,李美娟,等. 土壤重金属污染评价方法进展[J]. 中国农学通报,2010,26 (17):310-315.

[15] 徐燕,李淑芹,郭书海,等. 土壤重金属污染评价方法的比较[J]. 安徽农业科学,2008,36 (11):4615-4617.

[16] FOSTNER U, MULLER G. Concentrations of heavy metals and polycyclic aromatichycarbons in river

sediments[J]. Geojournal, 1981(5): 417-432.

[17] FOSTNER U, AHLF W, CALMANO W, et al. Sediment criteria development. Contributions from environmental geochemistry to water quality management[C]// In: Heling D, Rothe P, Fostner U, et al., Sediments and environmental geochemistry: selected aspects and case histories. Springer Verlag, Berlin Heidelberg, 1990, 12(6): 311-338.

[18] 李静,依艳丽,李亮亮,等. 几种重金属(Cd、Pb、Cu、Zn)在玉米植株不同器官中的分布特征[J]. 植物生理科学,2006,22(4):244-247.

[19] 高健磊,王静. 两种河道底泥重金属污染生态危害评价方法比较研究[J]. 环境工程,2013,31(2): 119-121.

[20] 莫建成. 基于污染负荷指数法的东莞道滘内河涌底泥重金属污染评价[J]. 资源节约与环保,2016(5): 190-191.

[21] 高阳俊,耿春女,曹勇. 基于三种污染危害评价方法的上海市郊区河网底泥重金属评价[J]. 环境工程,2015,33(10):121-125.

[22] HAKANSON L. An ecology risk index for aquatic pollution control: a sediment logical approach[J]. Water Research, 1980,14(8): 975-1001.

[23] 郭笑笑,刘丛强,朱兆洲,等. 土壤重金属污染评价方法[J]. 生态学杂志,2011,30(5):889-896.

[24] 柴世伟,温琰茂,张亚雷,等. 地积累指数法在土壤重金属污染评价中的应用[J]. 同济大学学报(自然科学版),2006,34(12):1657-1661.

第8章 水-土壤-植被系统重金属空间特异性及迁移转化机制

8.1 重金属含量关系及空间特异性

8.1.1 距矿区不同距离重金属含量关系

依据研究区域内地表水、地下水、土壤和植被系统中重金属含量空间分布的特点及实际的地形特征,将研究区按照距离矿区远近分为4个不同的区域。区域Ⅰ距离矿区0 m,区域Ⅱ距离矿区0~10 km,区域Ⅲ距离矿区10~30 km,区域Ⅳ距离矿区30~50 km。不同区域的采样点分布见表8-1。

表8-1 不同区域的采样点分布

区域	地表水	地下水	土壤	玉米根	玉米茎	玉米叶	玉米籽
区域Ⅰ	—	—	C1~C5	—	—	—	
区域Ⅱ	W1~W34	G1~G41	C6~C35	R1~R7	Q1~Q8	L1~L9	A1~A10
区域Ⅲ	W35~W39	G42~G52	C36~C87	R8~R22	Q8~Q23	L8~L24	A8~A25
区域Ⅳ	W40	G53~G55	C88~C98	R23~R26	Q23~Q27	L23~L28	A23~A29

分析水平距离的变化对地表水、地下水、土壤和植被系统中重金属的迁移影响。由表8-1可知,受当地采矿影响,在矿区范围内(区域Ⅰ)未采集到地表水、地下水及玉米植株。

由图8-1可知,在地表水与地下水中,Zn、Cd与Pb在区域Ⅱ中,含量达到最高,随着与矿区距离的增加,三种重金属含量整体呈现明显减小的趋势,地表水中三种重金属含量变化分别由最初的26.26 mg/kg、41.03 mg/kg和69.55 mg/kg降到了1.17 mg/kg、0.004 mg/kg和0.05 mg/kg;地下水中三种重金属含量分别由13.96 mg/kg、8.17 mg/kg和6.60 mg/kg下降到2.48 mg/kg、0.005 mg/kg和0.11 mg/kg。而Cr在地表水区域Ⅲ中含量达到最高,为4.17 mg/kg,在地下水区域Ⅳ中含量达到最高,为3.77 mg/kg。As随与矿区距离的增加,在地下水中整体呈现先减小后增加的规律。Cu在地表水中随距离的增加,呈现先减小后增加的规律。

由图8-2可知,土壤中As和Cd随与矿区距离变化程度较小,浓度变化分别位于2.0~3.11 mg/kg和0.05~0.07 mg/kg。土壤中Pb的含量随距离的增加缓慢减小,矿区范围内(区域Ⅰ)含量最高,为12.36 mg/kg。土壤中Cu随距离的增加呈现显著增加趋势,Cu通常来自于刹车部件的磨损以及柏油路面上的矿物质材料,推测可能是煤矿输送造成的。Zn和Cr均呈现先增加后减小的趋势,均在距离矿区10~30 km范围内呈现出高浓度。

由图8-3可知,在玉米不同部位中,Cu呈现出比其他元素高的浓度。图8-3(a)是玉米根中重金属含量随离矿区距离增加的变化,Cd、Cr、As和Pb的含量随距离的增加变化程度较少,整体趋于平稳状态,浓度范围分别位于0.01~0.03 mg/kg、1.33~1.62 mg/kg、

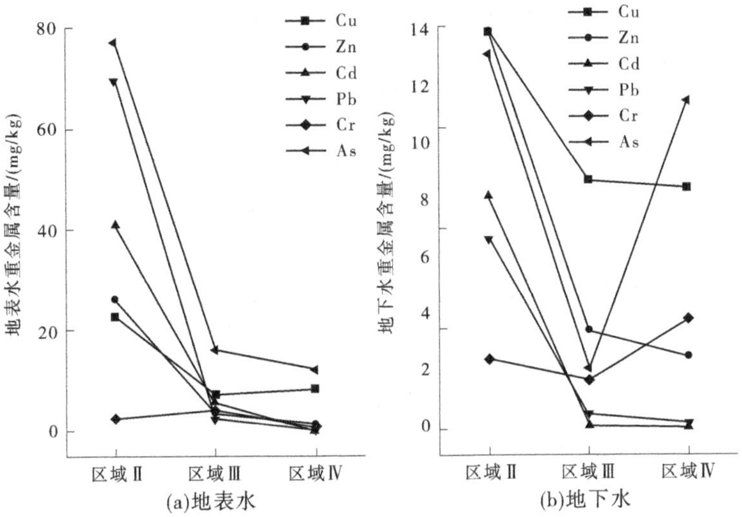

图 8-1　不同水体中重金属含量与矿区距离的关系

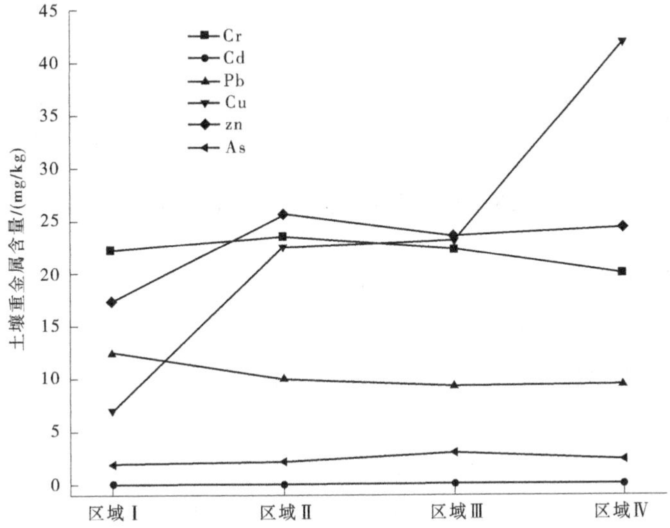

图 8-2　土壤中重金属含量与矿区距离的关系

0.031~0.41 mg/kg 与 0.46~0.56 mg/kg。Zn 的含量在距离矿区 0~30 km 的范围内变化程度较小，在区域Ⅳ中有明显的上升趋势。Cu 的含量随距离的增加逐渐减小。茎部中[见图 8-3(b)]Cd、Pb 与 As 的含量随距离的变化较小，Cu、Zn 和 Cr 的含量随距离的增加有明显的减小规律，矿区附近浓度呈现最高分别为 18.44 mg/kg、6.06 mg/kg 与 3.22 mg/kg。叶部中[见图 8-3(c)]Cd 与 As 的含量随距离的变化呈现平稳状态，Pb、Zn 和 Cr 的含量随距离的增加逐渐增大，Cu 含量整体呈现出先减小后增加的规律。在玉米籽粒中，Cd、Pb 与 As 的含量变化与玉米茎部相似，Zn 和 Cr 的含量随距离的增加有先减小后增加的规律，Cu 的含量则呈现随距离的增加而增加的趋势，说明采矿活动对水体、土壤以及玉米中重金属的迁移转化均会造成一定的影响。

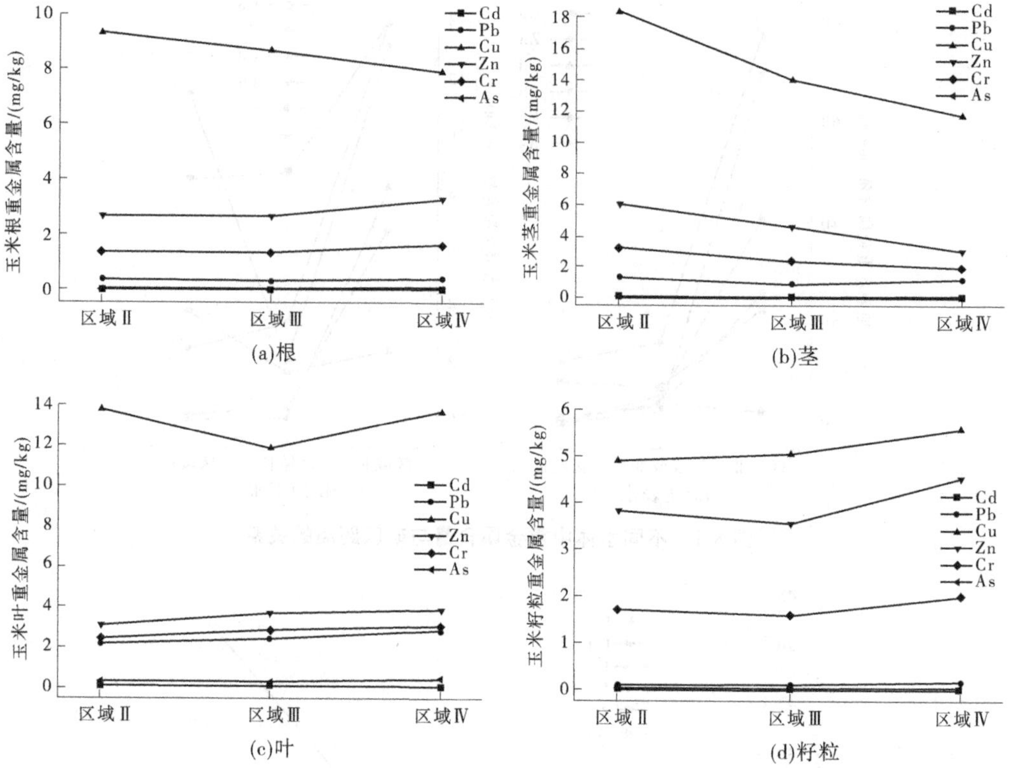

图 8-3 玉米不同部位中重金属含量与矿区距离的关系

8.1.2 基于自组织神经网络识别重金属空间特异性

8.1.2.1 自组织神经网络基本原理

人工神经网络主要是通过模拟人脑生物过程的人工智能技术,将单个神经元互联相乘的复杂处理系统,其具有较强的自学习、自组织及自适应能力,常适用于推理、判断和分类问题。近年来多用于计算机、环境、电子等多学科领域。

本研究使用的自组织神经网络(Self Organizing Features Map, SOFM)是自组织网络中的一种,其由多个神经元组成,神经网络的低维输出层等距分布并通过权值向量相互连接,权值向量的维数与输入数据的维数相同。SOFM 的基本工作模式及降维映射原理如图 8-4 所示。SOFM 的学习过程主要是对原始数据进行分部学习,同时通过训练输入数据的拓扑结构进行映射,应用竞争学习找到原始数据中距离最接近的权值向量,将输入数据中相似性最大的数据相互聚集并与距离相对最远的数据集分离开,完成对输入数据的精确分类并进一步寻找数据分类的规律。SOFM 的学习算法步骤包括六个主要过程:①低维神经元网络的初始化;②数据样本向神经网络的输送;③神经元与输入样本计算并寻找最匹配单个神经元;④最匹配神经元领域半径计算;⑤最匹配神经元领域半径的学习和调整;⑥神经网络的重复迭代计算。

近年来,学者们通常把 SOFM 应用于水文、环境等相关领域,用于河流、土壤等分析中,揭示地表水沿流向上有机污染物与微生物的线性分带特征和水环境成因。本研究通过

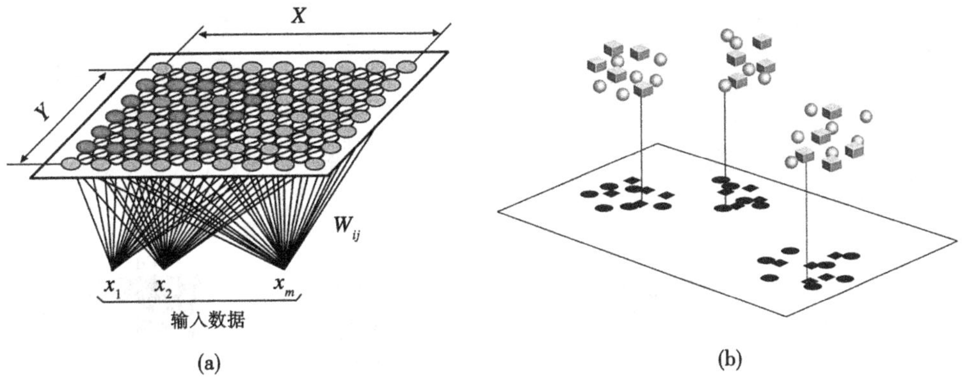

$x_1, x_2, \cdots, x_m$ 为输入层的 m 个节点；X、Y 为输出层节点；W_{ij} 为权重。

图 8-4　SOFM 基本工作模式及降维映射原理

SOFM 神经网络对地表水、地下水-土壤-玉米系统重金属的分布规律进行分类分析和研究。

8.1.2.2　自组织神经网络输出结果分析

采用 SOFM 分析法研究地表水、地下水、土壤与玉米不同部位采样点中的 6 种重金属空间分布特征，得到分量平面图。为了能够将采样点更清晰地呈现出污染特征，将所有采样点分为 64 组。采样点点位的空间分异性表明六边形的间距越小，样本特征越相似。各采样点中 6 种重金属的空间分异性，阐述了每个重金属指标的浓度含量对应平面的颜色等级，颜色由蓝到红代表重金属浓度由低到高。

地表水中各重金属含量空间分异性表明（见图 8-5），采样点多聚集于聚类Ⅳ中即右上侧，结合各重金属含量的空间分异性综合分析，发现较多的采样点中重金属呈现低浓度状态。高浓度 Cd 与 As 的地表水采样点多集中于聚类Ⅲ区域，该处采样点多处于距离矿区 0~10 km 范围内。高浓度 Cr 和 Zn 的地表水采样点多位于区域Ⅴ中，高浓度 Cu 和 Pb 的采样点多集中于聚类Ⅰ区域中。

地下水中各重金属含量空间分异性表明（见图 8-6），采样点多聚集于聚类Ⅲ中即右上部，结合各重金属含量的空间分异性综合分析，表明大部分采样点的重金属均呈现低浓度状态。其中 Zn 高浓度主要集中于左上部即聚类Ⅴ范围内。Cd 与 Pb 的浓度较为相似，高浓度采样点主要集中于聚类Ⅰ和聚类Ⅳ中，Cr 与 As 相似，高浓度采样点主要位于聚类Ⅰ范围内。Cu 主要集中于聚类Ⅱ范围内。聚类Ⅰ、聚类Ⅱ、聚类Ⅳ区域中的采样点多位于矿区附近，各采样点中的重金属含量，受人类活动影响较大。

图 8-7 显示土壤采样点 5 个不同的聚类，取样点大部分位于聚类Ⅱ、聚类Ⅲ、和聚类Ⅴ中，聚类Ⅴ中包含 13 个采样点，聚类Ⅲ中包含 51 个采样点，聚类Ⅱ中包含 16 个采样点，其余采样点分布于聚类Ⅰ与聚类Ⅳ中。As 高浓度主要集中在右下部即聚类Ⅴ中。Pb 在 6 种重金属中浓度最高，Cd 和 Zn 的浓度最小，但其对应的土壤背景值较低，因此整体污染较高。处于最下面一排网格中的取样点重金属含量较高，这些取样点均位于矿区附近，尤其是 Pb 和 Cu 的浓度达到了最高水平，As 和 Cr 浓度也处于较高水平，说明这部分取样点的污染程度最明显，最上面一排网格中，除 Pb 浓度较高外，其他 5 种重金属浓度均处于较低水平，说明这些取样点的污染水平最低，这些取样点主要分布于非采矿区以及机场附近。

图 8-8 为研究区内玉米根部各重金属含量的空间分布情况，发现大部分采样点位于

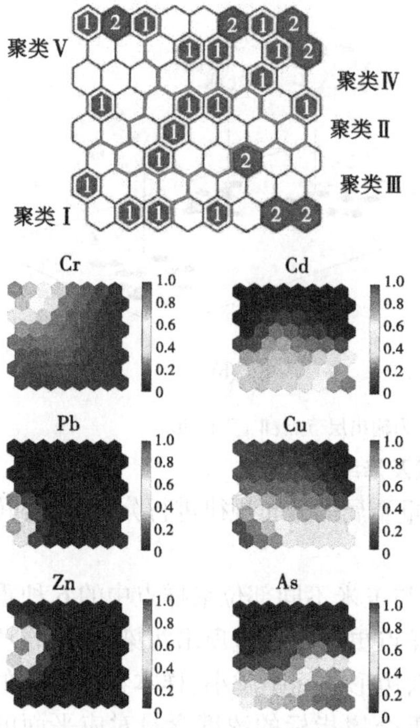

图 8-5　地表水中各重金属含量的空间分异性

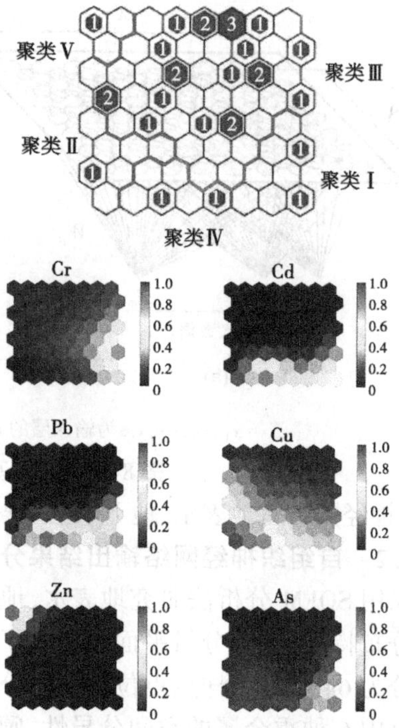

图 8-6　地下水中各重金属含量的空间分异性

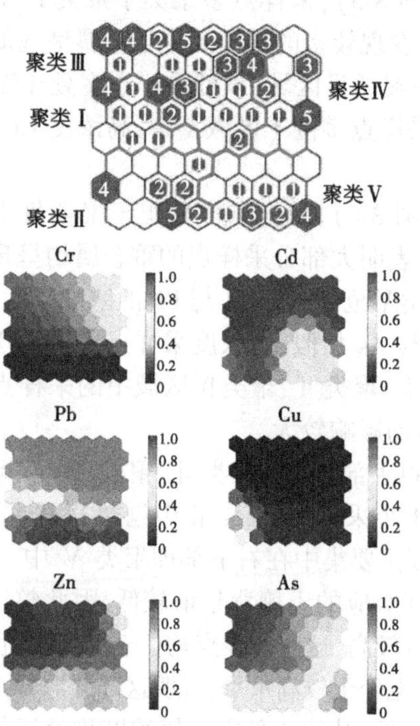

图 8-7　土壤中各重金属含量的空间分异性

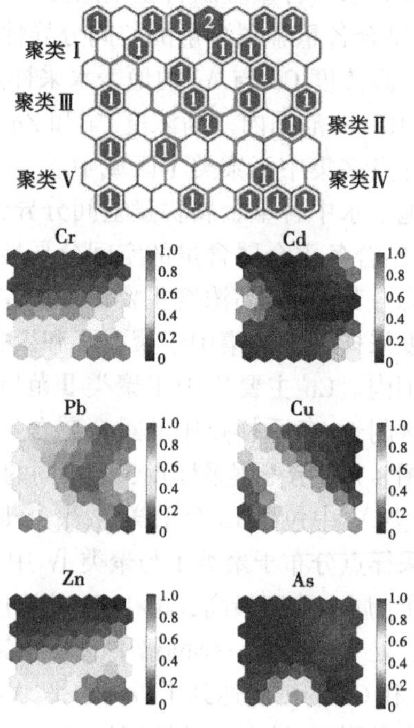

图 8-8　玉米根部各重金属含量的空间分异性

聚类Ⅰ中,6 种重金属中 Cd 和 As 的整体浓度较低,Pb 的浓度在 6 种重金属中最高,Cr 与 Zn 的高浓度采样点较为接近,均处于聚类Ⅳ范围内,Cu 在聚类Ⅰ、Ⅱ中浓度呈现较低的状态。

依据图 8-9 中玉米茎部重金属划分的 5 个不同的聚类,以及各元素浓度值发现,茎部中 As 浓度呈现最高,说明其对 As 的吸收较高。Cd 呈现浓度较低,各采样点中高浓度主要集中于聚类Ⅳ和Ⅱ中。

根据图 8-10 可知,玉米叶部中 Cd 与 Pb 浓度较高,Cr 和 Pb 高浓度主要集中于聚类Ⅱ区域中。

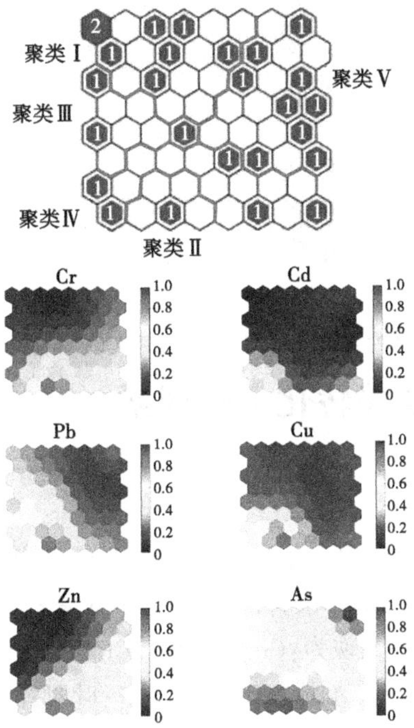

图 8-9　玉米茎部各重金属含量空间分异性

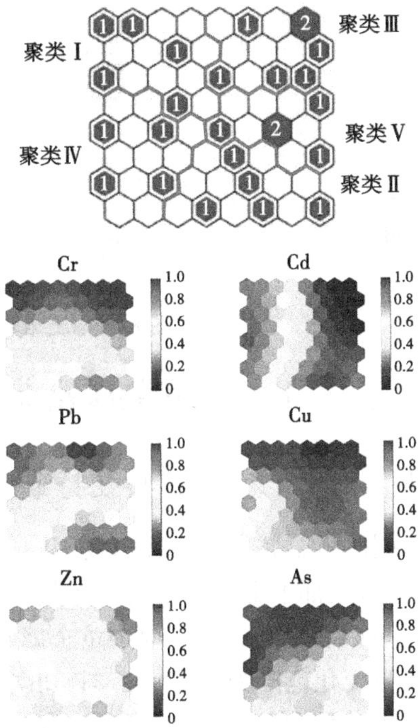

图 8-10　玉米叶部各重金属含量空间分异性

图 8-11 中 Cr、Zn 和 Cu 的高浓度区域较为相似,主要集中于聚类Ⅲ中,As 高浓度主要集中于聚类Ⅴ中。玉米植株不同部位中各重金属高含量不相同,说明玉米不同部位对不同重金属吸收程度有一定的差异。

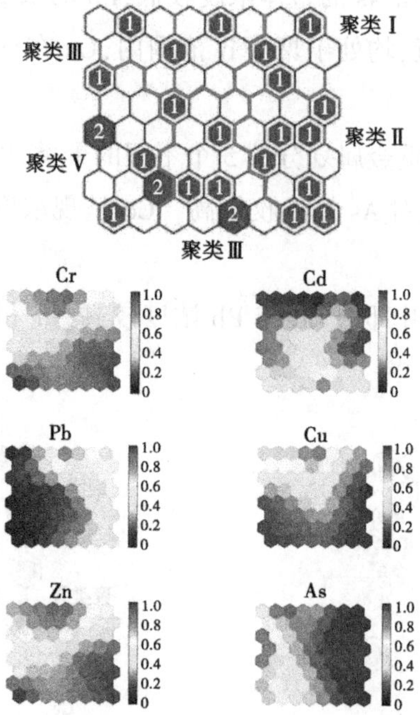

图 8-11 玉米籽粒各重金属含量空间分异性

8.2 重金属富集特征与迁移转化主控因素

8.2.1 玉米富集、迁移转化特征

不同的重金属在同一种植物不同部位的富集、迁移能力具有一定的差异。由图 8-12 可知，玉米根部重金属平均富集系数表现为：Cu>Cd>Pb>Cr>Zn>As，少部分采样点中 Cd 和 Cu 呈现高富集状态；茎部中重金属平均富集系数表现为：Cu>Pd>Cd>Cr>Zn>As，Cu 的富集系数变化范围为 0.04~2.81，Pb 的富集系数变化范围为 0.08~2.87；叶部中重金属平均富集系数表现为：Cd>Pd>Cu>Cr>Zn>As，Cd 的富集系数最高，变化范围在 0.04~7.53，Pb 的富集系数为 0.004~2.71，Cu 的富集系数为 0.03~1.66；籽粒中重金属平均富集系数表现为：Cu>Cr>Zn>Pb>Cd>As，籽粒中重金属的富集系数整体较低，均小于 1。四个部位中，重金属 Cd、Cu 的富集系数较高，说明土壤中二者的生物有效性最强，As 的富集系数最低，说明玉米对土壤中 As 的累积作用最弱。

重金属元素由土壤进入根部后，进行富集，当富集过程完成后，重金属元素开始从根部向其他部位进行迁移，富集、迁移系数（见表 8-2）反映了各重金属元素在玉米体内的运移能力。分析发现，玉米叶片中的迁移系数较高，尤其是 Pb 元素，迁移系数达到了 8.15。万方在鲁中南地质高背景区土壤-作物系统迁移研究中指出，玉米叶片中 Pb 具有较高的富集特征，与本研究结果一致。在玉米茎与叶片中，6 种重金属的迁移系数均超过 1，说明 6 种重金属在二者之间迁移能力较强。玉米根部到籽粒中，Cd、Cu 和 As 的迁移系数较低，Pb 的迁移能力最强。

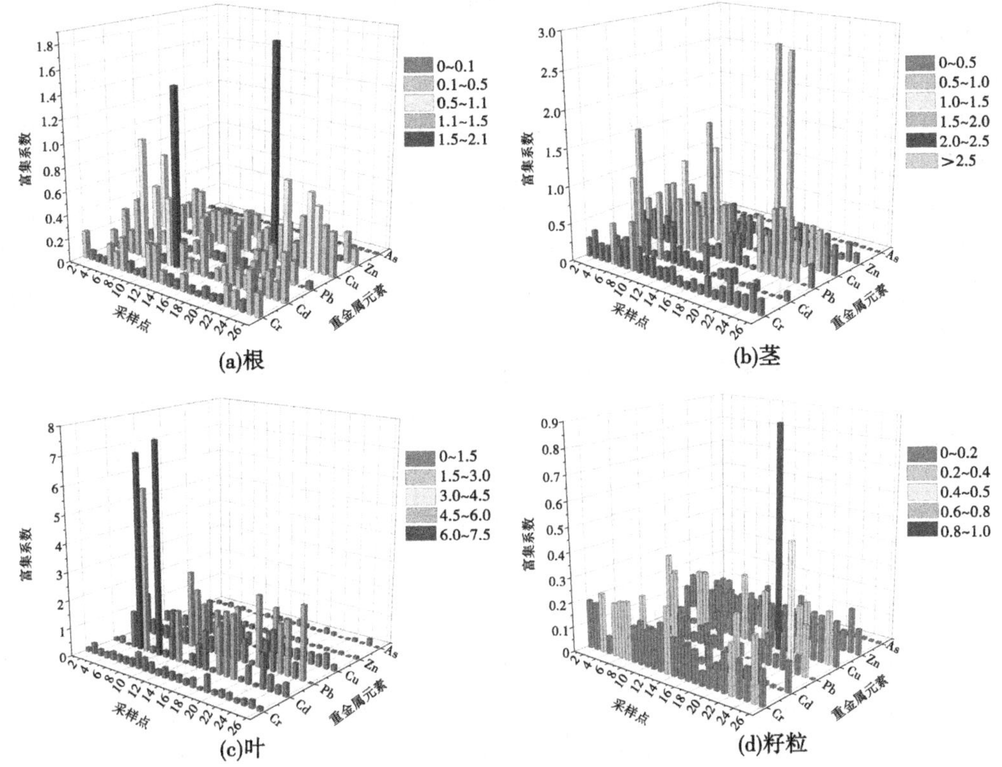

图 8-12　玉米根、茎、叶、籽粒重金属富集系数分析

表 8-2　玉米不同部位重金属富集及迁移系数

富集、迁移系数	样品类型	Cr	Cd	Pb	Cu	Zn	As
富集系数	根	0.14	0.32	0.18	0.37	0.09	0.02
	茎	0.26	0.28	0.58	0.61	0.16	0.03
	叶	0.28	1.45	1.20	0.50	0.12	0.10
	籽	0.17	0.07	0.08	0.21	0.12	0.01
迁移系数	茎	2.65	1.04	4.71	1.94	2.84	1.65
	叶	3.16	4.90	8.15	1.64	2.49	7.44
	籽	1.66	0.25	5.94	0.64	2.39	0.86

8.2.2　重金属的迁移规律及主控因素

研究区内的水体在地表水/地下水-土壤-玉米系统中不仅只是重金属的携带者，同时也是重金属的搬运者。水体作为研究区的农田灌溉用水，对土壤及玉米中重金属的富集均会产生一定的影响，水体灌溉农田时，一部分水体经由玉米根系进行吸收，进入玉米植株中；一部分水体则经由土壤下渗补给地下水；另一部分则通过蒸发作用进入大气圈。

水体在整个过程中不断地循环，重金属含量也随之不断地进行变化。

采用斯皮尔曼(Spearman)相关系数，对研究区玉米根部、地表水、地下水及土壤中重金属含量进行分析(见表8-3)。根据表8-3中各元素的相关关系发现，玉米根部中Cr、Zn与地表水中Cr呈显著正相关(R:0.41、0.40,$p<0.05$)，Cu、As与地表水中Cr呈显著相关(R:0.51、-0.63,$p<0.01$)。玉米根部中Cu与地下水中Cd呈显著负相关(R:-0.50,$p<0.01$)，根系中Cr与地下水中Cd、Zn、As呈显著相关(R:-0.49、0.50、-0.40,$p<0.05$)，根系中Cu与地下水中Pb呈显著负相关(R:-0.47,$p<0.05$)，根系中Zn与地下水中Cd、Zn呈显著相关(R:-0.47、0.47,$p<0.05$)。根系中Zn与土壤中Cu呈显著负相关(R:-0.39,$p<0.05$)。

表8-3 玉米根部、地表水、地下水、土壤中重金属的斯皮尔曼相关系数

指标		玉米根部					
		Cr	Cd	Pb	Cu	Zn	As
地表水	Cr	0.41*	-0.04	-0.08	0.51**	0.40*	-0.63**
	Cd	0.08	-0.19	0.08	0.20	0.08	-0.13
	Pb	0.14	0.04	0.11	0.14	0.14	-0.15
	Cu	-0.01	-0.30	0.17	0.01	-0.02	-0.15
	Zn	0	-0.23	0.14	0.20	-0.02	-0.17
	As	-0.18	-0.07	0.21	-0.07	-0.18	0.14
地下水	Cr	0.23	0.13	-0.11	0.04	0.24	-0.06
	Cd	-0.49*	-0.22	-0.20	-0.50**	-0.47*	0.06
	Pb	-0.25	-0.10	-0.25	-0.47*	-0.24	0.04
	Cu	-0.38	0.13	-0.29	-0.32	-0.35	-0.15
	Zn	0.50*	-0.38	0.09	0.14	0.47*	-0.27
	As	-0.40*	0.20	0.02	-0.25	-0.38	0.02
土壤	Cr	0.02	-0.14	0.32	0.05	-0.01	0.10
	Cd	-0.06	0.15	-0.09	0.16	-0.07	-0.20
	Pb	-0.22	0.03	0.02	-0.18	-0.21	0.27
	Cu	-0.38	-0.06	0.03	-0.24	-0.39*	0.39
	Zn	0	-0.13	0.34	0.05	-0.03	0.13
	As	-0.04	0.13	-0.20	-0.04	-0.06	-0.04

注：* 在0.05级别(双尾)，相关性显著；** 在0.01级别(双尾)，相关性显著。

8.3 结 论

(1)在地表水与地下水中，Zn、Cd与Pb在区域Ⅱ中，含量达到最高，随着与矿区距离的增加，3种重金属含量整体呈现明显减小的趋势。土壤中As和Cd随矿区距离变化程度较小,Cu随距离的增加呈现显著增加趋势,Zn和Cr均呈现先增加后减小的趋势。在玉米不同部位中,Cu呈现出比其他元素高的浓度。玉米根中Cd、Cr、As和Pb的含量随距离的增加变化程度较小,整体趋于平稳状态,茎部中Cd、Pb与As的含量随距离的变化较小,叶部中Pb、Zn和Cr的含量随距离的增加逐渐增大,在玉米籽粒中,Cd、Pb与As的含量变化与玉米茎部相似。说明采矿活动对水体、土壤以及玉米中重金属的迁移转化均会造成一定的影响。

(2)地表水中采样点多聚集于聚类Ⅳ中即右上侧,结合各重金属含量的空间分异性综合分析,发现较多的采样点中重金属呈现低浓度状态。地下水中采样点多聚集于聚类Ⅲ中即右上部。在土壤采样点中,Pb在6种重金属中浓度最高,Cd和Zn的浓度最低,但其对应的土壤背景值较低,因此整体污染较高。玉米植株不同部位中各重金属高含量不相同,说明玉米不同部位对不同重金属吸收程度有一定的差异。

(3)籽粒中重金属的富集系数整体较低,均小于1,在玉米茎与叶片中,6种重金属的迁移系数均超过1,说明6种重金属在二者之间迁移能力较强。玉米根系中Cr、Cu、Zn受地表水中Cr、地下水中Cd影响较大。

参考文献

[1] 汤波.陕南金属尾矿库区土壤重金属迁移规律及其环境效应研究[D].西安:西安科技大学,2017.
[2] 李广云,曹永富,赵书民,等.土壤重金属危害及修复措施[J].山东林业科技,2011,41(6):96-101.
[3] 王海峰,赵保卫,徐瑾,等.重金属污染土壤修复技术及其研究进展[J].环境科学与管理,2009,34(11):15-20.
[4] 胡玲,郑川,李琳,等.典型电镀污染场地土壤调查研究[C]//中国环境科学学会.2013中国环境科学学会学术年会论文集(第四卷).2013:1079-1086.
[5] 廖国礼.典型有色金属矿山重金属迁移规律与污染评价研究[D].长沙:中南大学,2006.
[6] 王宇.铜陵某矿区小流域重金属污染及风险评价[D].合肥:安徽农业大学,2022.
[7] 李伟,姚笑颜,梁志伟,等.基于自组织映射与哈斯图方法的地表水水质评价研究[J].环境科学学报,2013,33(3):893-903.
[8] 卢金锁.地表水厂原水水质预警系统研究及应用[D].西安:西安建筑科技大学,2006.
[9] 孙兆兵.基于概率组合的水质预测方法研究[D].杭州:浙江大学,2012.
[10] 程学宁,卢毅敏.基于SOM和PCA的闽江流域地表水水质综合评价[J].水资源保护,2017,33(3):59-67.
[11] JAVIER G A, JAVIER F B, CARLOS U, et al. Artificial neural networks as emulators of process-based models to analyse bathing water quality in estuaries[J]. Water Research, 2019, 150(1):283-295.
[12] 梁斌梅.自组织特征映射神经网络的改进及应用研究[J].计算机工程与应用,2009,45(31):134-137.
[13] 栾龙源.基于自组织神经网络与模糊算法的彩色图像聚类分割系统[D].西安:西安电子科技大学,2010.
[14] OLKOWSKA E, KUDŁAK B, TSAKOVSKI S, et al. Assessment of the water quality of Kłodnica River catchment using self-organizing maps[J]. Science of the Total Environment, 2014, 476-477(6):477-484.

[15] WANG Y B, LIU C W, LEE J J. Differentiating the Spatiotemporal Distribution of Natural and Anthropogenic Processes on River Water-Quality Variation Using a Self-Organizing Map With Factor Analysis[J]. Archives of Environmental Contamination and Toxicology, 2015, 69(2):254-263.

[16] BHUIYAN M A H, KARMAKER S C, BODRUD-DOZA M, et al. Enrichment, sources and ecological risk mapping of heavy metals in agricultural soils ofdhaka district employing SOM, PMF and GIS methods [J]. Chemosphere, 2021, 263:1-14.

[17] 陈怀满.土壤-植物系统中的重金属污染[M].北京:科学出版社,1996.

[18] 刘丽. 重金属在土壤-蔬菜系统中的迁移转运与调控及其健康风险评估[D].长沙:中南林业科技大学,2018.

[19] 孙驰. 基于第一性原理的乌梁素海冰、水介质中重金属迁移特征研究[D].呼和浩特:内蒙古农业大学,2020.

[20] 万方.鲁中南地质高背景区土壤-作物系统重金属地球化学特征、来源解析及风险评价[D].泰安:山东农业大学,2024.

[21] 张怡悦.金/铁矿区土壤-植物体系铅锌同位素特征及微生物演化机制[D].北京:北京科技大学,2021.

[22] 曾欢.鄱阳湖湿地典型消落带土壤-植物系统重金属富集及迁移特征分析[D].南昌:江西师范大学,2021.

[23] 张好,董春雨,杨海婵,等.昭通市农田土壤和蔬菜重金属污染评价及相关性分析[J].环境科学,2024,45(2):1090-1097.

[24] 胡长通,杨涛,万旭昊,等.西安市河流沉积物重金属分布特征及其与土地利用类型关系[J].干旱区研究,2022,39(4):1270-1281.

[25] 李其林,黄昀,王萍,等.三峡库区主要粮食作物和土壤中重金属的相关性及富积特征分析[J].生态环境学报,2012,21(4):764-769.

[26] 王珊,苏亮,刘远立,等.皮尔森和偏相关系数模型在稻谷重金属污染程度研究中应用[J].中国食品卫生杂志,2020,32(6):631-635.

第 9 章　矿区地下水保护对策

9.1　矿区地下水环境保护目标

长时间采动作用所产生的大面积塌陷区使矿区民用水井受到严重影响，通过对当地居民的水井使用情况进行调查，新井 8 年内坍塌率达到 30%，且受矿区地下水流场改变的影响，水位较 25 年前有所降低，并存在地下水化学特征复杂化的情况，通常反映为 TDS 增高与 F^- 浓度增高。根据《建筑物、水体、铁路及主要井巷煤柱留设与压煤开采规程》等相关要求，留设采煤区与井田边界应留有防水煤柱与保护煤柱，同时建立地下水监测部门，定期对周边村镇进行水质监测，对水质和水量存在异常的点位，应立即上报管理部门，做好应急监测、防护与应对措施，确保当地村庄的生活用水与农业用水。

9.2　矿区采动对地下水负面影响的治理措施

9.2.1　科学减排与合理利用

9.2.1.1　矿坑排水

研究区地下水储量较大，地下水化学特征易受到含煤地层所含岩体的化学组分影响，水质极差，含溶解总固体、硬度、氟离子、硫酸根等污染物超标验证，由矿井排出后无法直接使用。矿井工业场地设井下水处理厂 1 座，设调节预沉池 1 座，容积 66 405 m^3；网格反应池 2 座，容积 771.68 m^3；重力式无阀滤池 2 座，容积 661.24 m^3；清水池（复用水池）1 座，容积 713.6 m^3。主要用于处理乌兰木伦镇镇区生活污水及周边煤矿生活污水。生活污水处理采用 A^2/O 工艺，主要构筑物有格栅间、调节池、A^2/O 生物池、沉淀池、回用水池、污泥池、污泥脱水机房、辅助用房等，污水净化处理步骤见图 9-1。

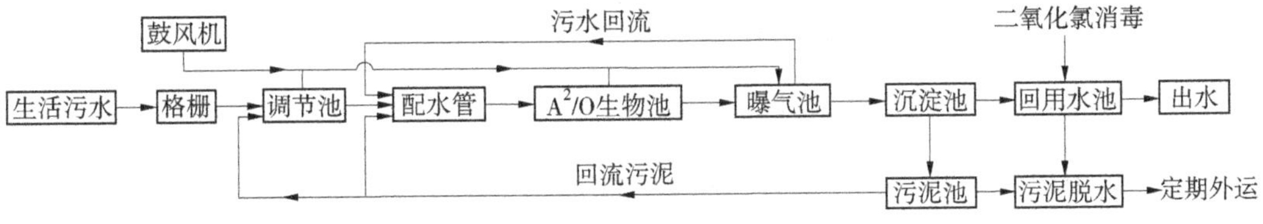

图 9-1　污水净化处理步骤

矿井用水单元数目简单，从各用水单元的特点可以归纳划分为生活用水系统、生产用水系统、服务用水系统。工业场地生活、消防给水流程如图 9-2 所示。

9.2.1.2　煤矸石

矸石排放对环境的影响主要表现在对空气、水体和景观等环境要素的影响上，其影响程度与矸石的理化性质、产量、排放场地及处理方式有关。

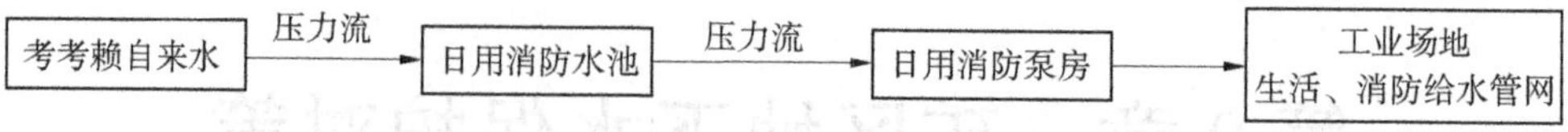

图 9-2 给水流程

1. 矸石自燃倾向性判断

根据煤质资料分析可知，本矿井煤中的硫是以游离态形式存在的，加之含硫量较低，因而块煤排矸中几乎不存在结核体硫，并且矸石含硫量较小，因而从理论上分析矸石自燃可能性较小。从本矿区周边的万利矿区多年生产矿井矸石山运行情况看，不存在自燃现象。基于上述理由，认为研究区矸石堆发生自燃的可能性不大。建议排矸场及时分区、分段、分层碾压堆矸，并及时对达到设计标高的区域进行绿化，从而进一步杜绝了矸石自燃的可能。

2. 矸石堆场扬尘对环境污染影响分析

固体物料起尘条件主要取决于其粒度、表面含水量和风速的大小。矸石在堆放场的存放过程中，表面水分逐渐蒸发，遇到大风天气就易产生风蚀扬尘。根据矸石堆扬尘的风洞模拟试验资料，矸石堆的起尘风速为 4.8 m/s。而据当地气象站多年常规气象资料，该区多年平均风速为 3 m/s，年平均最大风速在 4.0 m/s，但本区大风(大于 8 级)日数达 40 多天，可见矸石堆场产生扬尘的机会较多，必须做好排矸场洒水降尘与分区绿化工作，控制扬尘对周围地区的影响。影响范围一般在矸石堆下风向 500 m 以内。本地区的主导风向为西北风，距排矸场最近的村庄在排矸场东北 550 m 处，不在排矸场下风向，因此排矸场扬尘对周围敏感目标影响较小。另外，矸石排放于支沟中，当排矸达到设计标高后，分区种草绿化，将有助于进一步减小对周围环境空气的影响。

3. 矸石淋溶液对水环境的影响

矸石露天堆放，经降雨淋溶后，可溶解性元素随雨水迁移进入土壤和水体中，可能会对土壤、地表水及地下水产生一定影响。

4. 矸石堆放对景观的影响

本项目排矸场位于山坡支沟中，且周围以丘陵地貌为主，矸石排入沟中对周围自然景观不会产生较大影响。在分区植树种草绿化后，有利于改善本区的景观。

9.2.2 开展地下水和土壤治理与修复

本矿井自 1997 年投产至今已开采近 25 年，加剧了研究区土壤与地下水环境的污染。土壤与地下水环境的污染物主要为硫酸根、氟离子、矿化度与重金属离子等无机污染物。

9.2.2.1 地下水修复

矿区受污染地下水具有埋深大、更新速度缓慢的特征，较弱的自净能力决定了地下水较地表水修复更为困难。地下水环境修复技术主要分为物理修复技术与原位修复技术。物理修复技术又包括阻隔屏障法、抽吸法、水文地质动力法等，原位修复技术包括加药法、渗透性处理床、土壤生物处理法等。因此，如何高效合理地修复治理区，因地制宜选择适宜的方法至关重要。

9.2.2.2 土壤修复

目前,主流的土壤修复技术包括以下几种:

(1)基质改进技术。使用物理改良方法的基质改进技术主要为表土回填等,而化学改良方法多应用于废弃金属矿,改良剂对位碳酸氢盐、硫酸亚铁、石膏等。

(2)微生物修复技术。主要是通过微生物活动改良土壤,恢复土壤微环境。

(3)植物修复技术。是通过对污染土壤种植耐碱植物,改善和美化矿区环境,通过植被的改良进而带动生物多样性的发展,是目前最有前景的改良技术,同时也是目前采用的主要治理手段。

9.2.3 加强地下水环境监测工作

为确保供水水质、用水安全及环境保护,神东矿业相关部门建立对应地下水监测机构,对取水水源水质状况、废污水等定期进行监测,掌握水质变化情况。具体监测如下:

监测断面设置:进厂入口断面和污废水排放出口断面分别进行监测。

监测项目:水温、pH、高锰酸盐指数、化学需氧量(COD_{Cr})、五日生化需氧量(BOD_5)、氨氮、总氮、总磷、挥发酚、石油类、氟化物、铜、锌、铅、镉、汞、砷等。

9.3 开展相关科学调查研究的必要性与期望

在今后的运行中,应对井田周边居民生活饮用水水源地水位、水质进行长期跟踪监测,并制订供水应急方案。如居民饮用水水源受到影响,应立即采取措施保障居民用水。

建议项目在今后运行中应进行水平衡测试,加强用水科学管理,找出节约用水的潜力,根据实际条件,制定切实可行的合理用水规划,建立工业用水档案,健全工业用水计量仪表。

采取切实可行的污染防治措施,将清洁生产贯穿于生产的全过程,并及时改进生产工艺,最大限度地减少对大气、水域及生态环境的影响。

建立地下水动态观测网,以便及时监测区域地下水变化规律,了解在疏干条件下断层的导水性,验证水文地质边界条件,从而有效预测疏干水涌水量。

科学合理分配水资源,确保生态用水。水资源开发利用要以保护水环境功能为前提。

建议当地政府加强市政基础设施和环保项目的建设力度,改善投资环境,保护自然环境。

参考文献

[1] 范立民,姬永涛,蒋泽泉,等. 黄河中游(陕西段)大型煤炭基地地质环境(地下水)监测网建设关键技术[C]//陕西省地质调查院,长安大学,中国自然资源航空物探遥感中心.第四届中国矿山地质环境保护学术论坛论文摘要集,2021:8-9.

[2] 吴群英,彭捷,迟宝锁,等.神南矿区煤炭绿色开采的水资源监测研究[J].煤炭科学技术,2021,49(1):304-311.

[3] 范立民,马雄德,蒋泽泉,等.保水采煤研究30年回顾与展望[J].煤炭科学技术,2019,47(7):1-30.

[4] 邢朕国,赫云兰,种珊,等.大型露天煤矿地下水监测现状及关键问题[C]//中国自然资源学会水资源专业委员会,中国地理学会水文地理专业委员会,中国水利学会水资源专业委员会.面向全球变化的水系统创新研究——第十五届中国水论坛论文集,2017:307-311.
[5] 祝有军.矿坑涌水量预测与矿坑排水方案探讨[J].浙江国土资源,2021(S1):33-40.
[6] 刘佩贵,吴亮,洪久余.金属矿集区及其周边供排水安全分析[J].江淮水利科技,2017(2):16-18.
[7] 屈伟.多元线性回归分析在岩溶矿坑排水中的应用[J].能源技术与管理,2019,44(2):52-53,104.
[8] 林丹,游省易,唐小明.矿坑排水与岩溶地面塌陷的关系[J].中国岩溶,2016,35(2):202-210.
[9] 宗永臣,张永恒,陆光华,等.基于主成分分析法的高海拔 A^2/O 工艺特性研究[J].水处理技术,2018(9):116-119.
[10] 陈相宇,郝凯越,苏东,等.A^2/O 法处理高海拔地区污水的特性研究[J].水处理技术,2018.44(2):93-96.
[11] 李永峰,潘欣语,杨建宇.A^2/O 工艺中 HRT 对系统脱氮除磷效率的影响[J].哈尔滨商业大学学报(自然科学版),2011,27(4):566-570,578.
[12] 黄满红,李咏梅,顾国维.A^2/O 系统中碳、氮、磷的物料平衡分析[J].中国给水排水,2009,25(13):41-44.
[13] 徐树明,龚贵金.水解酸化预处理对 A^2/O 工艺处理养殖废水的技术研究[J].安徽农业科学,2019,47(7):66-69.
[14] 刘鹏程,黄满红,陈东辉,等.HRT 对 AO 工艺中典型多环麝香迁移转化的影响[J].环境科学,2013,34(7):2735-2740.
[15] 齐恒,侯建伟.煤矸石山环境问题及其治理方法研究[J].内蒙古煤炭经济,2021(13):53-54.
[16] 李雨珂.乌海矿区典型尘源物质风蚀研究[D].北京:北京林业大学,2020.
[17] 高彪.煤矸石对土壤元素的影响规律和途径研究[J].山西化工,2021,41(6):234-235,238.
[18] 唐文锋.矿业城市雨水环境行为及资源化利用研究[D].淮南:安徽理工大学,2019.
[19] 罗化峰,乔元栋,宁掌玄,等.煤矸石充填重构土壤后多环芳烃的淋溶特征研究[J].中国矿业,2021,30(4):151-156.
[20] 张敬凯,王春红,姚文博,等.煤矸石在动态淋溶条件下重金属的溶出特性[J].煤炭技术,2018,37(12):323-325.
[21] 神华集团.生态脆弱区煤炭现代开采地下水和地表生态保护关键技术[J].高科技与产业化,2021,27(6):57.
[22] 涂书新,黄永炳,廖晓勇,等.矿区地下水多种重金属污染原位渗透反应墙修复关键技术[Z].武汉:华中农业大学,2018-04-19.
[23] 苏帅.煤矿区生态修复过程中非饱和带土壤水动力学特性研究[D].太原:山西大学,2018.
[24] 刘国.四川省典型矿山地下水污染因子识别与修复技术筛选[D].成都:成都理工大学,2015.
[25] 胡猛.乌努格吐山铜钼矿区环境评价与生态修复研究[D].长春:吉林大学,2013.
[26] 杨凯,王营营,丁爱中.生物炭对铅矿区污染土壤修复效果的稳定性研究[J].农业环境科学学报,2021,40(12):2715-2722.
[27] 王珍.泉大资源枯竭矿区塌陷区土壤修复效果研究[D].合肥:安徽大学,2014.

第 10 章　结论与展望

10.1　结　论

本次研究建立在当地水文气象、地质结果、水文地质等相关资料的基础上，结合历史资料与实地勘察等工作方式，通过野外试验与室内试验等手段，对研究区地下水系统的演化进行研究，评价了地下水环境现状，并通过地理空间信息技术将研究区采煤层上覆地下水的化学组分分布规律进行体现；通过计算采空区冒落带影响范围与高度，结合氘氧同位素等多种手段判断了采煤层上覆含水层的水力联系；建立了具有水力联系的采煤层上覆含水层水文地质概念模型，并模拟了煤系含水层地下水流场的演变规律；分析了 Cd、Cu、Cr 等多种重金属在地表水、地下水、土壤和植物之间的富集和迁移转化规律；最后提出采动作用下地下水环境保护和污染防治措施。通过本次研究，取得以下主要结论：

(1)研究区长期观测水位平均标高 1 280.37 m，丰、平、枯三期水位变化幅度不超过 1 m。水体 pH 为 7.58，处于弱碱性；TDS 均值为 1 160.25 mg/L，整体矿化度偏高，地下水化学类型由简单的 HCO_3^--Na^+ 逐渐过渡为以 HCO_3^- · SO_4^{2-}-Na^+ · Ca^{2+} 为主导，Cl^--K^+ · Na^+、F^--K^+ · Na^+ 等共同存在的复杂类型，主导阳离子为 Na^+，主导阴离子为 HCO_3^-。Cl^- 具有一定的富集现象，第四系含水层中 NO_3^- 浓度普遍较高，研究区存在大面积的人工植被与农作物，且存在若干村庄与大型员工生活区，这些因素导致第四系含水层 NO_3^- 含量大幅升高。

(2)通过计算冒落带、裂隙带高度，预测采煤驱动下“三带”的影响范围，结果表明“三带”在一定程度上导致各含水层存在水力联系，第四系含水层、直罗组含水层均与延安组含水层存在补给关系，并在这种补给关系下流量逐渐达到平衡。采动作用的影响下，延安组含水层原有裂隙进一步发育，最终变为连通裂隙，使直罗组含水层与直罗组含水层对其具有水力联系；采动作用下，采空区围岩在重力作用下逐渐发生变形，产生裂隙，破坏了延安组含水层的原有结构；在乌兰木伦河沿岸地区，由于煤炭埋深较浅，采空区的冒落带的影响可以直达地表，贯穿第四系含水层、直罗组含水层与延安组含水层，最终导致三层含水层彼此之间具有水力联系，导致各含水层水体补给到延安组含水层。

(3)研究区地下水化学组分主要受到岩石风化作用的驱动，浓缩蒸发作用也在同时进行，二者相互影响；离子交换作用是影响研究区地下水化学组分的一个重要作用；人类活动一定程度上也影响着研究区地下水化学组分的特征。主要补给来源为大气降水，在风化侵蚀作用与采煤驱动作用下，第四系含水层与直罗组含水层存在明显的水力联系；在强采动作用与冒落带影响下，直罗组含水层与延安组混合含水层有一定的水力联系；延安组含水层分为两层。一层为混合含水层，为 120～200 m，另一层为深层含水层，埋深于 200～300 m 延安组含水层，直罗组含水层和混合含水层有较强的水力联系，与深层含水层存在较弱的水力联系，推断存在局部的水力联系，导致部分水的混入。采动作用下在 3 个含水层中相互之间的水力联系呈逐层递增的趋势。

(4)通过常规离子、微量元素、氘氧同位素与氚同位素等多种分析手段对复杂地质条件井田含水层的不同层位,不同时期地下水进行识别与分析,总结了不同含水层地下水化学类型与水力联系,并建立Piper识别图版、Durov图版、氘氧同位素图版,通过联合比对可快速识别研究区矿区突水水源来源并提出具有针对性的抢险方案。

(5)应用GMS的MODFLOW组件,输入水文地质参数与边界流量,建立数值模拟模型,通过地下水识别期数据与验证期数据对模型进行识别、验证与预测。模型预测结果表明:在现有开采条件下,未来20年研究区地下水水位无显著变化,地下水系统通过自我调节机制趋于平衡。但开采导致局部地下水循环模式发生改变,在小范围内形成局部地下水循环系统,降落漏斗的存在使上覆第四系含水层、直罗组含水层的水体流经导水裂隙越流补给至延安组含水层。在未来的开采生产中,应结合水文地质与疏水量等数据变化,实时调整保水采煤策略,保证煤水协调发展,避免与周围矿群的降落漏斗相连通导致研究区地下水水位的整体下降。

(6)不同水体中各元素含量测定表明,3种水体的重金属浓度的平均值大小顺序为:Cu>Cr>Zn>Pb>As>Cd。根据不同水体中的元素空间分布规律发现,采煤活动对研究区水体影响较大。根据土壤重金属在垂向分布的特征发现,As的分布特征与其他金属元素有一定的差异,其随深度的增加整体表现出先增加后减小的趋势。对植物中重金属的含量进行分析发现,各部位Ni元素的变异系数值差异较大,但其余6种变异系数值差异较小,表明这6种重金属在植株体内分布比较均匀。

(7)地表水主要受蒸发岩的溶解控制,硅酸盐是浅层地下水的主要贡献产物,硅酸盐水解和蒸发岩溶解是深层地下水的主要来源。重金属元素之间的相关性,说明具有一定的同源相关性,频繁的工农活动很大程度上影响了水体中的重金属含量。土壤中Pb与Cr、Cd、Cu、Zn和As各重金属之间的相关性说明可能具有相同的来源,4个因子的主要来源分别是:农用化学品和污水灌溉,如化肥的使用、上游农业地区输送受污染的水;大气沉降和工业排放;皮革工业;自然和人为因素。7种重金属在玉米不同部位,彼此之间的相关性差异较大,磷肥与复合肥的使用,不断增加Zn、Cr和Pb元素的含量,同时矿业活动产生的废石堆积、废水排放也导致了Cd、Cu、Pb和Zn的增加。

(8)水体中重金属污染指数评价的污染比内梅罗污染指数评价的污染程度低,在内梅罗污染指数评价中,地表水中Pb和As的平均值均处于重度污染等级,地下水中Cd和As的平均值均呈现中度污染水平,其余4种重金属均呈现清洁水平。重金属污染指数评价的地表水与地下水在研究区内多呈现出无污染状态。地表水与地下水生态风险等级较高。土壤中Cd处于较高污染状态,土壤中6种重金属综合潜在生态风险指数整体表现为低度至中度污染水平。研究区的玉米均未受到Zn的污染,玉米不同部位受重金属污染程度为:籽粒<根<茎<叶。

(9)在地表水与地下水中,Zn、Cd与Pb在区域Ⅱ中,含量达到最高,随着与矿区距离的增加,3种重金属含量整体呈现明显减小的趋势。土壤中As和Cd随矿区距离变化程度较小,Cu随距离的增加呈现显著增加趋势,Zn和Cr均呈现先增加后减小的趋势。在玉米不同部位中,Cu呈现出比其他元素高的浓度。玉米根中Cd、Cr、As和Pb的含量随距离的增加变化程度较小,整体趋于平稳状态。较多地表水采样点中重金属呈现低浓度状态。土壤中 Pb 在 6 种重金属中浓度最高,Cd 和 Zn 的浓度最小。玉米植株不同部位对不同重金属吸收程度有一定的差异。籽粒中重金属的富集系数整体较低,在玉米茎与叶片中,6 种重金属在二者之间迁移能力较强。玉米根系中 Cr、Cu、Zn 受地表水中 Cr、地下水 Cd 影响较大。

(10)基于目前的矿区地下水系统,结合实际生产生活情况对研究区范围内的居民取用水的保护需求进行了分析,提出了地下水环境的治理措施,以科学减排、合理利用为主要原则,开展地下水和地表塌陷区的综合治理与修复,并强调加强从水量与水质两个方面对地下水系统进行整体监测工作,采取更合理精确的数据统计方式,为后续研究与治理工作提供翔实的数据基础。

综上所述,本研究开展了采煤驱动下地下水系统演化与特征污染物迁移转化机制研究。通过实地采样、室内试验的方式对研究区煤层上覆含水层的水质进行了整体评价,并通过分析常规元素、微量元素、氢氧同位素在不同含水层的含量特征结合水文地质资料与冒落带、裂隙带高度计算结果,判断煤层上覆含水层之间的水力联系;通过地下水三维数值模型对研究区煤层上覆含水层的地下水流场变化规律进行识别、判断与预测;探究了地表水、地下水、土壤、玉米不同部位中重金属的空间分布,分析了重金属的主要来源以及贡献率;提出了矿区地下水环境保护和污染防治措施。本次研究成果为地下水资源的开发利用与环境保护决策提供了参考。

10.2　展　望

(1)目前所掌握的观测资料相对有限,复杂井田的地下水流场模拟精度有待提高,并且未能对污染物溶质运移情况进行模拟,在今后的研究中,应进一步完善数据搜集和提取,增强模型与实际情况的拟合效果,提高模型的可靠性。

(2)植物对重金属的吸收累积特性受地表水、地下水、土壤中重金属含量和作物品种等多种因子的影响,本研究采集的样品数量有限,植物样品种类单一。下一步可以针对不同土壤类型,加密采样密度,更加深入探究水-土壤-植物系统中重金属的迁移转化规律,进一步完善重金属污染评价体系。

(3)针对矿区植物种类,在野外采样的基础上,进行室内栽培,开展比对试验,同时根据不同生长阶段,监测植物体内重金属含量,为矿区的生态环境治理提供更加完善的理论依据。